U0814488

钻井工程设备与工具

EQUIPMENT AND TOOLS OF DRILLING ENGINEERING

黄伟和　主编

石油工业出版社

内 容 提 要

本书采用示例的方式介绍了钻井工程常用设备、工具和材料的基本规格、型号和用途。

本书适合从事石油天然气勘探开发项目管理的相关人员阅读，也可作为石油天然气企业钻井工程管理人员、新员工教育和大学生实习的培训教材，还可供石油天然气工程相关管理人员、研究人员参考。

图书在版编目（CIP）数据

钻井工程设备与工具 / 黄伟和主编．—北京：石油工业出版社，2018.7

ISBN 978-7-5183-2706-5

Ⅰ．①钻… Ⅱ．①黄… Ⅲ．①钻井设备 ②钻井工具 Ⅳ．①TE92

中国版本图书馆 CIP 数据核字（2018）第 135127 号

出版发行：石油工业出版社

（北京安定门外安华里 2 区 1 号 100011）

网 址：www.petropub.com

编辑部：（010）64523561

图书营销中心：（010）64523633

经 销：全国新华书店

印 刷：北京中石油彩色印刷有限责任公司

2018 年 7 月第 1 版 2018 年 7 月第 1 次印刷

787×1092 毫米 开本：1/16 印张：8.75

字数：160 千字

定价：100.00 元

（如出现印装质量问题，我社图书营销中心负责调换）

版权所有，翻印必究

《钻井工程设备与工具》

编 委 会

主　　编： 黄伟和

副 主 编： 张　勇　李爱忠　刘　海

编写人员： 高志和　高瑞彬　杨晓亮　赵　鑫

崔国娟　谢俊玲　周雪菡　闫金杰

李　兵　李　健　吕　辉　范世强

赵增权　司　光　郭　正　陈毓云

丁丹红　孙晓军　吕雪晴　张云怡

前言 | Preface

钻井工程是石油天然气工业中一个关键性工程。在整个钻井工程建设过程中，总体上包括两个阶段。第一阶段是以钻井队为主体，利用钻机等设备、工具和仪器，相关技术服务队伍共同参与，从地面开始向地下钻进，钻达设计目的地层，下入套管，并用水泥固井。第二阶段是以作业队为主体，利用修井机或通井机等设备、工具和仪器，相关技术服务队伍共同参与，按设计确定的完井方式进行施工，直至交井。

本书作为钻井工程造价管理人员培训的系列教材之一，目的是使学员对钻井工程现场常用设备、工具和材料有一定的直观性认知，了解和掌握地面及井下常用设备、工具和材料的基本规格、型号和用途。

本书由中国石油工程造价管理中心廊坊分部和中国石油渤海钻探职工教育培训中心相关教学人员共同编写完成。在正式出版之前，于 2015—2017 年用于中国石油天然气集团公司 3 期钻井工程造价管理人员岗位培训班，同石油工业出版社 2016 年出版的《钻井工程工艺》配合使用，取得了良好的培训效果。

本书适合从事石油天然气勘探开发项目管理的相关人员阅读，也可作为石油天然气企业钻井工程管理人员、新员工教育和大学生实习的培训教材，还可供石油天然气工程相关管理人员、研究人员参考。

由于石油天然气钻井工程内容非常复杂，涉及的地面及井下设备和工具、材料的规格型号多种多样，加之编者水平和知识有限，书中的缺点和不足在所难免，敬请广大读者批评指正。

黄伟和

2018 年 3 月 30 日

目录|Contents

1 钻完井工程设备与工具

钻完井工程是按照钻井地质设计和钻井工程设计规定的井径、方位、位移、深度等要求，以钻井队为主体，相关技术服务队伍共同参与，采用钻机等设备、工具和仪器，从地面开始向地下钻进，钻达设计目的层，建成地下油气通道。钻完井工程基本工艺流程和主要工作内容如图 1-1 所示。

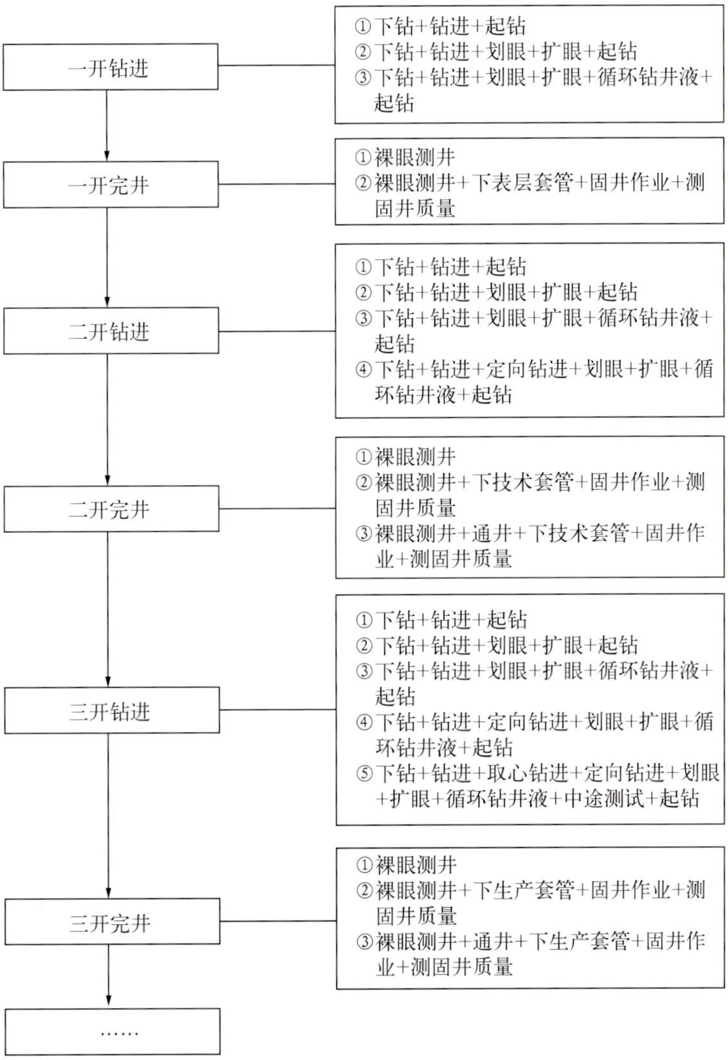

图 1-1　钻完井工程基本工艺流程和主要工作内容

本部分主要介绍油气田现场钻完井工程常用的地面及井下设备、工具和材料的基本规格、型号和用途。

1.1 钻机概述

《石油天然气工业　钻机和修井机》（GB/T 23505—2017）将钻机按名义最大钻井深度和最大钩载分为11个级别，分别是ZJ10、ZJ15、ZJ20、ZJ30、ZJ40、ZJ50、ZJ70、ZJ80、ZJ90、ZJ120、ZJ150。

钻机型号表示方法：ZJ[1]/[2][3][4]

ZJ：钻机代号。

[1]：钻机级别，表示用外径为114mm的钻杆组成的钻柱标定，以100m为单位计的名义钻深范围上限。

[2]：钻机级别，表示钻机最大钩载，单位为千牛（kN）。

[3]：钻机特征。

L——链条并车钻机；

LD——转盘直流电驱动的链条并车钻机；

LDB——转盘交流变频电驱动的链条并车钻机；

J——皮带并车钻机；

C——齿轮并车钻机；

Y——液压驱动钻机；

DJ——交流工频电驱动钻机；

D——直流电驱动钻机（AC-SCR-DC）；

DB——交流变频电驱动钻机（AC-VFD-AC）。

[4]：移运型式。

符号省略——块装式钻机；

Z——自行式钻机；

T——拖挂式钻机。

例如：ZJ30/1800DB表示使用外径114mm钻杆、最大钻井深度3000m、最大钩载1800kN、交流变频电驱动块装式钻机；ZJ50/3150D表示使用外径114mm钻杆、最大钻井深度5000m、最大钩载3150kN、直流电驱动块装式钻机。

石油钻机基本参数见表1-1。

表 1-1　石油钻机基本参数

钻机级别		ZJ10/600	ZJ15/900	ZJ20/1350	ZJ30/1800	ZJ40/2250
最大钩载 kN		600	900	1350	1800	2250
名义钻深范围	114mm 钻杆 m	500 ～ 1000	800 ～ 1500	1200 ～ 2000	1600 ～ 3000	2500 ～ 4000
	127mm 钻杆 m	500 ～ 800	700 ～ 1400	1100 ～ 1800	1500 ～ 2500	2000 ～ 3200
绞车额定功率 kW（hp）		110 ～ 200 （150 ～ 270）	260 ～ 335 （350 ～ 450）	335 ～ 510 （450 ～ 680）	410 ～ 710 （550 ～ 950）	746 ～ 1120 （1000 ～ 1500）
游动系统绳数	钻井绳数 条	6	8	8	8	8
	最多绳数 条	6	8	8	10	10
钻井钢丝绳公称直径 mm（in）		19，22 （$^3/_4$，$^7/_8$）	22，26 （$^7/_8$，1）	26，29 （1，$1^1/_8$）	29，32 （$1^1/_8$，$1^1/_4$）	
单台钻井泵功率（≥） kW（hp）		373（500）	597（800）		746（1000）	
转盘开口直径 mm（in）		381，444.5 （15，$17^1/_2$）		444.5，520.7，698.5 （$17^1/_2$，$20^1/_2$，$27^1/_2$）		
钻台高度 m		3，4	4，5		5，6，7.5	

续表

钻机级别		ZJ50/3150	ZJ70/4500	ZJ80/5850	ZJ90/6750	ZJ120/9000	ZJ150/11250
最大钩载 kN		3150	4500	5850	6750	9000	11250
名义钻深范围	114mm 钻杆 m	3500 ～ 5000	4500 ～ 7000	5000 ～ 8000	6000 ～ 9000	7500 ～ 12000	10000 ～ 15000
	127mm 钻杆 m	2800 ～ 4500	4000 ～ 6000	4500 ～ 7000	5000 ～ 8000	7000 ～ 10000	8500 ～ 12500
绞车额定功率 kW（hp）		1100 ～ 1492 （1475 ～ 2000）	1492 ～ 2240 （2000 ～ 3000）	1600 ～ 2610 （2150 ～ 3500）	2200 ～ 2985 （2950 ～ 4000）	2985 ～ 4475 （4000 ～ 6000）	4475 ～ 5965 （6000 ～ 8000）
游动系统绳数	钻井绳数 条	10	10	12	14	14	16
	最多绳数 条	12	12	14	16	16	18
钻井钢丝绳公称直径 mm（in）		32，35 （$1^1/_4$，$1^3/_8$）	35，38 （$1^3/_8$，$1^1/_2$）	38，42 （$1^1/_2$，$1^5/_8$）	42，45 （$1^5/_8$，$1^3/_4$）	48，52 （$1^7/_8$，2）	
单台钻井泵功率（≥） kW（hp）		969（1300）	1193（1600）			1641（2200）	
转盘开口直径 mm（in）		698.5，952.5 （$27^1/_2$，$37^1/_2$）		952.5，1257.3，1536.7 （$37^1/_2$，$49^1/_2$，$60^1/_2$）			1257.3，1536.7 （$49^1/_2$，$60^1/_2$）
钻台高度 m		7.5，9，10.5		10.5，12			12，16

注：（1）最大钩载：指钻机在规定的最大绳数下，在解卡和下套管等可能发生最大载荷作业时不允许超过的载荷极限值，包括动载荷在内，是提升系统的主要参数。

（2）名义钻深范围：指该级别钻机能够经济利用的最小井深至最大井深。名义钻井深度是指钻机在规定的钻井绳数下，用外径 114mm（$4^1/_2$ in）钻杆所能钻达的最大井深。

（3）绞车额定功率：指钻井绞车输入轴输入功率的最大值，也称绞车额定输入功率，是绞车部件的主要参数。

（4）游动系统绳数：指钻井时游车上方的有效提升绳数，也称提升系统绳数，为钻井时使用游车滑轮数的 2 倍。

（5）钻井钢丝绳直径：指钢丝绳的两个对称股外圆的距离。

（6）钻井泵功率：指钻井泵输入轴功率，是钻井泵的主要参数。

（7）转盘开口直径：指转盘内的通孔直径，由最大钻头直径决定，转盘开口直径要比最大钻头直径大 10mm 左右。

（8）钻台高度：指钻机底座底平面至钻台面的高度，根据要安装的井口装置高度确定。

（9）lin=2.54cm。

图 1–2 给出了油田现场钻机井场部署情况。通常一部钻机包括井架及底座、提升系统、动力与传动系统、循环处理系统、油气水设施、监测系统、井控系统、井场用房、辅助工具与设施、生活设施 10 个部分。

图 1–2 钻机井场部署情况

ZJ50/3150D 钻机配套参数示例见表 1–2。

表 1–2 ZJ50/3150D 钻机配套参数

序号	名称	规格型号	计量单位	数量
1	井架及底座	JJ315/45–K，DZ315/9–S	套	1
2	提升系统			
2.1	绞车	JC50D	台	1
2.2	天车	TC315	台	1
2.3	游车	YC315	台	1
2.4	大钩	DG315	个	1
2.5	水龙头	SL450	个	1
2.6	转盘	ZP375	个	1
3	动力与传动系统			
3.1	发电机组	VOLVO400kW	台	1
3.2	发电机组	CAT3512B	台	3

续表

序号	名称	规格型号	计量单位	数量
3.3	直流电动机	YZ08/08A	套	5
3.4	SCR 控制系统	IPS2200/50D SCR	套	1
3.5	防爆电路		套	1
4	循环处理系统			
4.1	钻井泵	F–1600	台	2
4.2	高压管汇	101.6mm（4in）× 35MPa（双立管）	套	1
4.3	循环罐		套	1
4.4	振动筛		套	3
4.5	除砂器	NCS300 × 2	台	1
4.6	除气器	ZCQ4	台	1
4.7	清洁器	ZQJ125 × 8–1.6 × 0.6	台	1
4.8	离心机	LW520 × 2080–NA	台	2
4.9	剪切泵	JQB6545	台	1
4.10	加重混合漏斗	HQ–200	台	3
5	油气水设施			
5.1	密闭储灰罐	30t	套	2
5.2	处理剂罐		套	1
5.3	燃油罐（含高架油罐）	$100m^3$+$4m^3$	套	1
5.4	四品油罐	$10m^3$	套	1
5.5	废油罐	$10m^3$	套	1
5.6	供油管汇		套	1
5.7	电动压风机	SEP–360X	台	2
5.8	空气储存、处理装置		套	1
5.9	供气管汇		套	1
5.10	套装水罐	$40m^3$ × 2	套	2
5.11	软化水罐		套	1
5.12	供水管汇		套	1
6	监测系统			

续表

序号	名称	规格型号	计量单位	数量
6.1	指重表、传压器		套	1
6.2	钻井参数仪	I.IBT4	台	1
6.3	测斜仪		套	1
6.4	钻井液液面监测仪		套	1
7	井控系统			
7.1	封井器组合	35–70	套	1
7.2	节流管汇	JG–SY–70	套	1
7.3	压井管汇	YG–70	套	1
7.4	放喷管线	FGX–88–21	套	1
7.5	燃烧管线		套	1
7.6	远程控制台	FKQ8007B	套	1
7.7	司钻控制台	SZQ117	套	1
7.8	节流管汇控制台	JY–70–A	套	1
7.9	液气分离器	YQF–8000/2.5	套	1
7.10	方钻杆上、下旋塞		套	1
7.11	箭形回压阀		套	1
7.12	投入式止回阀		套	1
8	井场用房			
8.1	钻井值班房	12m × 3m × 3m	套	1
8.2	钻井监督房	12m × 3m × 3m	套	1
8.3	钻台偏房	10m × 3m × 3m	套	2
8.4	机房值班房	12m × 3m × 3m	套	1
8.5	消防工具房	12m × 3m × 3m	套	1
8.6	配件材料房	12m × 3m × 3m	套	2
8.7	钻井液材料房	12m × 3m × 3m	套	1
8.8	机械修理房	10m × 3m × 3m	套	1
8.9	钻井液值班房	12m × 3m × 3m	套	1
8.10	工程师房	12m × 3m × 3m	套	1

续表

序号	名称	规格型号	计量单位	数量
8.11	井口坐岗房	3m × 2m × 2m	套	1
8.12	厕所	12m × 3m × 3m	套	1
9	辅助工具与设施			
9.1	方钻杆旋扣器		套	1
9.2	液压大钳	Q10Y–M	套	1
9.3	B 形大钳		台	2
9.4	动力小绞车	XJFH–5/35	台	3
9.5	滚子方补心	60.3 ~ 219.1mm（$2^3/_8$ ~ $8^5/_8$in）	套	1
9.6	测斜绞车		台	1
9.7	切绳器		台	1
9.8	大绳对接器		套	1
9.9	链条对接器		套	1
9.10	空气包充气装置		套	1
9.11	钻井泵修理工具		套	1
9.12	倒大绳装置		套	1
9.13	下套管扶正台		套	1
9.14	井口工具		套	1
9.15	机房修理工具		套	1
9.16	钻工修理工具		套	1
9.17	套管钳		套	1
9.18	助力器		套	1
9.19	电工维修工具和仪器		套	1
9.20	钻井液性能测试仪器		套	1
9.21	钻杆排放架与猫道		套	1
9.22	电焊设备	AX500	台	1
9.23	气焊设备		套	1
9.24	钻台紧急滑道		套	1

续表

序号	名称	规格型号	计量单位	数量
9.25	二层台紧急逃离装置		套	1
9.26	消防工具		套	1
9.27	钻头规、量尺等器具		套	1
9.28	计算机		台	1
9.29	洗眼架和冲洗喷头		套	1
9.30	劳保用品		套	1
9.31	H_2S 等有害气体探测器		套	2
9.32	防毒面具		套	14
10	生活设施			
10.1	厨房	12m × 3m × 3m	套	1
10.2	餐厅	12m × 3m × 3m	套	1
10.3	食品储存房	12m × 3m × 3m	套	1
10.4	生活水处理和供水系统	12m × 3m × 3m	套	1
10.5	淋浴洗澡房	12m × 3m × 3m	套	1
10.6	洗衣房	12m × 3m × 3m	套	1
10.7	职工住房	12m × 3m × 3m	套	9
10.8	厕所	12m × 3m × 3m	套	1

1.2 井架及底座

井架及底座是钻机的重要组成部件。它除了承受钻机在各类工况条件下的载荷外，还为钻机设备与工具的安装、钻井作业、井口移位等提供必要的安装、作业和移运条件。

1.2.1 井架

井架为钻井施工提供一个作业空间，并可摆放钻具立根（现场习惯上叫立柱）。通常井架由主体、天车台、人字架、二层台、立管平台和工作梯等组成。按整体结构形式的主要特征可分为塔式（T形）井架、前开口（K形）井架、A形井架、桅形（W形）井架，分别参见图 1–3 至图 1–6。

图 1-3　塔式（T 形）井架

图 1-4　前开口（K 形）井架

图 1-5　A 形井架

图 1-6　桅形（W 形）井架

井架型号表示方法：JJ 1 / 2 - 3

JJ：井架代号。

1：所示数字 ×10 即为井架的最大钩载，单位为千牛（kN）。

2：井架高度，单位为米（m）。

3：井架形式。

T——塔式井架；

K——K 形井架；

A——A 形井架；

W——桅形井架。

例如：JJ315/45-K 表示最大钩载为 3150kN、高度为 45m 的 K 形井架。

钻机井架基本参数示例见表 1-3。

表 1-3 钻机井架基本参数

型号	井架形式	井架高度 m	最大钩载 kN	114mm 钻杆立根容量 m	井架可承受最大风载 km/h
JJ225/43-K	K	43	2250	4000	172
JJ315/45-K	K	45	3150	5000	172
JJ450/45-K	K	45	4500	7000	172
JJ225/42-A	A	42	2250	4000	172

1.2.2 底座

底座用来安装动力机组、绞车、转盘、支撑井架，借助转盘悬持钻具，提供转盘和地面之间的高度空间，以安装必要的防喷器和便于钻井液循环。底座通常分为钻台底座和传动底座，底座结构形式的变化主要体现在钻台底座上。常见的钻机底座分为块式底座和升举式底座，如图 1-7 和图 1-8 所示。

图 1-7 块式底座

图 1-8 升举式底座

底座型号表示方法：DZ 1 / 2 - 3

DZ：底座代号。

1：所示数字 ×10 即为转盘梁最大负荷，单位为千牛（kN）。

2：钻台高度，单位为米（m）。

3：底座形式。

K——块式底座；

S——升举式底座。

例如：DZ315/9-S 表示转盘梁最大负荷为 3150kN、钻台高度为 9m 的升举式底座。

钻机底座基本参数示例见表 1-4。

表 1–4　钻机底座基本参数

型号	底座形式	钻台高度 m	净空高度 m	立根盒负荷 kN	转盘梁最大负荷 kN
DZ225/7.5–K	块式	7.50	6.20	1274	2250
DZ315/9–S	升举式	9.00	7.69	1764	3150
DZ450/9–S	升举式	9.00	7.50	2352	4500

1.3　提升系统

提升系统由绞车、天车、游车、大钩、水龙头、转盘等组成，根据需要也可以安装顶部驱动钻井装置（简称顶驱）。其中由天车、游车、钢丝绳组成的系统称为游动系统。提升系统的主要作用是起下钻具、钻进过程控制钻压、下套管以及处理井下复杂情况、辅助起升重物。

1.3.1　绞车

绞车是钻机的三大工作机之一，是钻机的核心设备，是一种集电、气、液控制为一体的机械传动设备，如图 1–9 所示。按驱动方式可分为机械驱动绞车、电驱动绞车和液压驱动绞车。

图 1–9　绞车

绞车主要用于起下钻具、钻进过程控制钻压、下管套以及起升和下放整体井架，带捞砂滚筒的绞车用于提取岩心筒、试油等工作。

绞车型号表示方法：JC 1 2

JC：绞车代号。

$\boxed{1}$：绞车级别：表示采用外径 114mm 钻杆作业时，以 100m 为单位计的名义钻深范围上限。

$\boxed{2}$：绞车型式。

无标记——机械驱动绞车；

Y——液压马达驱动绞车；

D——直流电驱动绞车；

DJ——交流电驱动绞车；

DB——交流变频电驱动绞车。

例如：JC50D 表示采用外径 114mm 钻杆作业、钻深范围上限为 5000m 的直流电驱动绞车。

绞车基本参数示例见表 1–5。

表 1–5　绞车基本参数

绞车级别	最大快绳拉力 kN	额定功率 kW（hp）	钢丝绳直径 mm（in）	名义钻深范围，m	
				114mm 钻杆	127mm 钻杆
10	115	110～200（150～270）	19，22（$^{3}/_{4}$，$^{7}/_{8}$）	500～1000	500～800
15	135	260～335（350～450）	22，26（$^{7}/_{8}$，1）	800～1500	700～1400
20	200	335～510（450～680）	26，29（1，$1^{1}/_{8}$）	1200～2000	1100～1800
30	210	410～710（550～950）	29，32（$1^{1}/_{8}$，$1^{1}/_{4}$）	1600～3000	1500～2500
40	275	746～1120（1000～1500）	29，32（$1^{1}/_{8}$，$1^{1}/_{4}$）	2500～4000	2000～3200
50	340	1100～1492（1475～2000）	32，35（$1^{1}/_{4}$，$1^{3}/_{8}$）	3500～5000	2800～4500
70	485	1492～2240（2000～3000）	35，38（$1^{3}/_{8}$，$1^{1}/_{2}$）	4500～7000	4000～6000
80	553	1600～2610（2150～3500）	38，42（$1^{1}/_{2}$，$1^{5}/_{8}$）	5000～8000	4500～7000
90	575	2200～2985（2950～4000）	42，45（$1^{5}/_{8}$，$1^{3}/_{4}$）	6000～9000	5000～8000
120	770	2985～4475（4000～6000）	48，52（$1^{7}/_{8}$，2）	7500～12000	7000～10000

1.3.2 天车

天车是安装在井架顶部的定滑轮组，如图 1–10 所示。根据穿绳方式的不同，天车可分为顺穿式天车和花穿式天车。花穿钢丝绳使游车的运动比较平稳，而顺穿钢丝绳为游车提供的运动空间更大。相对而言，为了更有效地利用井架的高度，多采用顺穿式天车。

图 1–10 天车

天车的主要部件有天车架、主滑轮组和快绳轮。另外，为完成一些辅助工作，还有辅助滑轮总成、起重架、防碰缓冲装置及挡绳架、围栏等部件。

天车型号表示方法：TC 1

TC：天车代号。

1：所示数字 ×10 即为最大钩载，单位为千牛（kN）。

例如：TC315 表示最大钩载为 3150kN 的天车。

天车基本参数示例见表 1–6。

表 1–6 天车基本参数

型号	TC170	TC225	TC315	TC450	TC585	TC675	TC900
最大钩载，kN	1700	2250	3150	4500	5850	6750	9000
钢丝绳直径，mm	29	32	35	38	38	45	48
滑轮外径，mm	1005	1120	1270	1524	1524	1524	1829
滑轮数，个	6	6	7	7	7	8	8
质量，kg	3825	6500	8500	11105	11310	13750	19150

1.3.3 游车及大钩

游车是在井架内部空间，即从井口到天车台底面之间游动的动滑轮组，如图 1–11 所示。游车通常由滑轮、滑轮轴、轴承、侧护罩等组成。大钩不仅随游车在井架内部空间游动，还连接水龙头或起下钻时直接悬挂钻柱或套管柱，如图 1–12 所示。游车与大钩还可连为一体，减少两者连接后的有效高度，如图 1–13 所示。

1.3.3.1 游车

游车型号表示方法：YC 1

YC：游车代号。

1：所示数字 ×10 即为最大钩载，单位为千牛（kN）。

例如：YC315 表示最大钩载为 3150kN 的游车。

图 1–11 游车

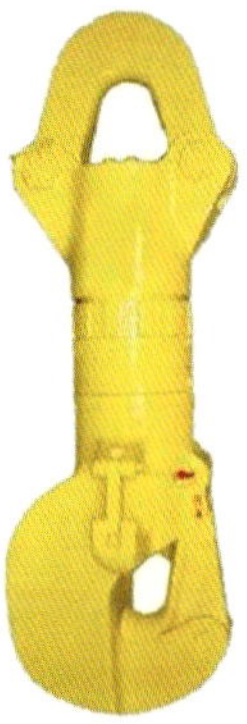
图 1–12 大钩

图 1–13 游车大钩

游车基本参数示例见表 1–7。

表 1–7 游车基本参数

型号	YC170	YC225	YC315	YC450	YC585	YC675	YC900
最大钩载，kN	1700	2250	3150	4500	5850	6750	9000
钢丝绳直径，mm	29	32	35	38	38	45	48
滑轮数，个	5	5	6	6	6	7	7
质量，kg	2410	3788	5500	8300	8556	10806	16625

1.3.3.2 大钩

大钩型号表示方法：DG 1

DG：大钩代号。

□1：所示数字 ×10 即为最大钩载，单位为千牛（kN）。

例如：DG315 表示最大钩载为 3150kN 的大钩。

大钩基本参数示例见表 1–8。

表 1–8　大钩基本参数

型号	DG100	DG135	DG225	DG315	DG450	DG675	DG900
最大钩载，kN	1000	1350	2250	3150	4500	6750	9000
弹簧行程，mm	140	150	180	200	200	220	250
主钩开口尺寸 mm	140	165	190	220	220	235	305
质量，kg	1310	1685	2185	3430	3520	7300	10350

1.3.4　水龙头

水龙头由壳体、中心管、轴承、鹅颈管、提环和冲管等组成，如图 1–14 所示。水龙头通过提环挂在大钩上，随大钩运行而上提下放。水龙头下部接方钻杆，连接井下钻具；上部通过鹅颈管与水龙带相连，通过它们向钻具内导入钻井液。水龙头的功能主要是悬持旋转着的钻柱；承受大部分以至全部钻柱重量；为旋转钻柱提供上部轴承支承；向旋转的钻柱导入高压钻井液。水龙头是提升系统和循环处理系统相交汇的关键设备，在钻机组成中处于重要的地位。

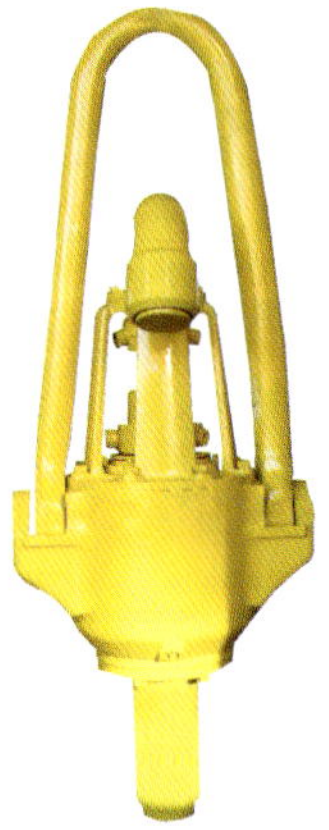

图 1–14　水龙头

水龙头型号表示方法：SL □1

SL：水龙头代号。

□1：所示数字 ×10 即为最大钩载，单位为千牛（kN）。

例如：SL450 表示最大钩载为 4500kN 的水龙头。

水龙头基本参数示例见表 1–9。

表 1–9　水龙头基本参数

型号	SL135	SL170	SL225	SL450	SL675
最大钩载，kN	1350	1700	2250	4500	6750
最高转速，r/min	300	300	300	300	300
最高工作压力，MPa	35	35	35	35	52
中心管内径，mm	64	64	75	75	102
下端接头螺纹	$4^1/_2$in REG LH	$6^5/_8$in REG LH			$7^5/_8$in REG LH
与水龙带的连接	4in LP（API std 5B）或焊接活接头				

注：REG 指连接螺纹的扣型为正规扣（内平扣为 IF，贯眼扣为 FH，数字扣为 NC）。LH 指螺纹旋向为左旋，右旋不标注。

1.3.5 转盘

转盘是钻机的三大工作机之一，安装于钻台面正中心，由壳体、转台、轴承、水平轴、大小锥齿轮等组成，如图 1–15 所示。在转盘旋转钻井时，驱动方钻杆旋转钻进，传递扭矩；在井下动力钻具旋转钻井时，承受反扭矩；在起下钻或下套管过程中，通过吊卡或卡瓦悬挂管柱并辅助上卸扣；在处理卡钻等井下事故时，可进行反转并传递扭矩，协助倒扣等作业。

图 1–15　转盘

转盘型号表示方法：ZP 1

ZP：转盘代号。

1：所示数字 ÷10 即为通孔直径，单位为英寸（in）。

例如：ZP375 表示通孔直径为 37.5in（952.5mm）的转盘。

转盘基本参数示例见表 1–10。

表 1–10　转盘基本参数

型号	通孔直径 mm（in）	中心距 mm（in）	最大静载荷 kN	最大工作扭矩 N·m	最高转速 r/min
ZP175	444.5（17.5）	1118（44）	1350	13729	300
		1353（$53^1/_4$）			
ZP205	520.7（20.5）	1353（$53^1/_4$）	3150	22555	300
ZP275	698.5（27.5）	1353（$53^1/_4$）	4500	27459	300
ZP375	952.5（37.5）	1353（$53^1/_4$）	5850	32365	300
ZP495	1257.3（49.5）	1651（65）	9000	64400	250

1.3.6　顶驱

顶驱的全称为顶部驱动钻井装置，英文简称为 TDS（英文全称为 Top Drive Drilling System），由动力装置、水龙头、导轨、管子处理装置等组成，参见图 1–16。它可从井架上部空间直接旋转钻杆，沿专用导轨向下送进，完成钻杆旋转钻进、循环钻井液、接立根、上卸扣和倒划眼等多种钻井操作。顶驱可显著提高钻井作业的能力和效率。

北京石油机械厂生产的顶驱基本参数见表 1–11。

图 1–16　顶驱

表 1-11　北京石油机械厂生产的部分顶驱基本参数

型号	DQ40BCQ	DQ50BC	DQ70BSE	DQ90BSC
名义钻井深度，m	4000	5000	7000	9000
额定载荷，kN	2250	3150	4500	6750
供电电源	600V AC	600V AC	600V AC	600V AC
额定功率(连续)，kW(hp)	295（400）	368（500）	295×2（400×2）	368×2（500×2）
转速范围，r/min	0～200	0～180	0～200	0～200
工作扭矩，kN·m	30	40	50	70
最大卸扣扭矩，kN·m	45	60	75	110

1.4　动力与传动系统

动力机是将其他形式的能量转化为机械能且为设备提供动力的装置。目前钻机的动力机主要有柴油机、柴油发电机等。传动系统将动力机和绞车、钻井泵等工作机联系起来，并将来自于动力机的机械能分配和传递给工作机。传动系统由传动箱、并车箱、减速箱、倒车箱、万向轴等组成，有机械传动、液压传动、电传动等形式。

1.4.1　柴油机

柴油机是将柴油燃烧产生的热能转化为机械能的动力设备，通常由多个柴油机组成柴油机组，为绞车、转盘及钻井泵提供动力，如图 1-17 所示。柴油机基本参数示例见表 1-12。

表 1-12　柴油机基本参数

型号	C6190ZL	C12V190ZL	C12V190ZL-A	C12V190ZL-B	C12V190ZL-1
气缸数，个	6	12			
气缸布置方式	直列	V 形 60° 夹角			
缸径，mm	190				
行程，mm	210				
总排量，L	35.72	71.45			
标定功率，kW	450	882	900	1000	735
标定转速，r/min	1500	1500			1200

续表

<table>
<tr><td colspan="2">型号</td><td>C6190ZL</td><td>C12V190ZL</td><td>C12V190ZL-A</td><td>C12V190ZL-B</td><td>C12V190ZL-1</td></tr>
<tr><td colspan="2">最低空载转速，r/min</td><td>650</td><td colspan="4">≤ 600，波动值为 ± 10</td></tr>
<tr><td colspan="2">最大扭矩，N · m</td><td>2865</td><td>5615</td><td>5730</td><td>6367</td><td>5849</td></tr>
<tr><td colspan="2">活塞平均速度，m/s</td><td colspan="4">10.5</td><td>8.4</td></tr>
<tr><td colspan="2">压缩比</td><td colspan="5">14 ： 1</td></tr>
<tr><td colspan="2">平均有效压力，MPa</td><td>1.01</td><td>0.99</td><td>1.01</td><td>1.12</td><td>1.03</td></tr>
<tr><td colspan="2">供油提前角，（°）</td><td>36 ± 0.5</td><td colspan="2">41 ± 1</td><td>40 ± 1</td><td>37 ± 1</td></tr>
<tr><td colspan="2">发火次序</td><td>1-5-3-6-2-4</td><td colspan="4">1-8-5-10-3-7-6-11-2-9-4-12</td></tr>
<tr><td rowspan="2">燃油牌号</td><td>夏季</td><td colspan="5">0 号轻柴油</td></tr>
<tr><td>冬季</td><td colspan="5">根据气候条件选用 -10 号、-20 号或 -35 号轻柴油</td></tr>
<tr><td colspan="2">机油牌号</td><td colspan="5">15W40CD（推荐）或 15W40CC</td></tr>
</table>

图 1-17　柴油机组

1.4.2　柴油发电机

柴油发电机是将柴油燃烧产生的热能转化为机械能，带动发电机工作，产生电能。柴油发电机如图 1-18 所示。在使用电动钻机时，根据钻机功率的不同，现场需配备多台柴油发电机，以满足现场设备及生活用电的需要。即使常规的机械钻机，也需配套 1 ~ 2 台相对功率较小的柴油发电机，为现场电器设备、照明及生活提供电能。柴油发电机基本参数示例见表 1-13。

图 1-18　柴油发电机

表 1-13　柴油发电机基本参数

机组型号	柴油机型号	发电机型号	额定功率 kW/kVA	额定电压 V	额定频率 Hz	质量 kg
沃尔沃 YZ500V	TWD1643GE	MP-500-4	500	400/230	50	4050
卡特彼勒 3512B	3512B TA		1088/1360	400/230	50	13204
卡特彼勒 3516B	3516B TA		1600/2000	400/230	50	16960
济南柴油机 500GF	G12V190PZLD2	IFC5456-TA42	500/625	400/230	50	13800
济南柴油机 630GF	G12V190PZLD2	IFC5456-TA42	630/788	400/230	50	13600
济南柴油机 800GF	G12V190PZLD	IFC6502-4LA42	800/1000	400/230	50	13600

1.4.3　联动机

传动系统的传动箱、并车箱、减速箱、倒车箱等组成机械传动的联动机，将来自柴油机组的动力传递并合理分配给绞车、钻井泵等设备，如图 1-19 所示。

图 1-19　联动机

1.4.4　SCR 控制系统

SCR 控制系统是柴油机驱动交流发电机发出的交流电通过 SCR 整流装置，将交流电变换为可控的直流电，控制直流电动机驱动绞车、转盘和钻井泵等工作。SCR 控制系统如图 1-20 所示。

SCR 控制系统是电驱动钻机的一个核心设备。电驱动钻机具有性能高、传动效率高、操作控制方便、集成程度高等特点，适合于各种油气井的钻探施工，特别是在超过 5000m 的深井、超深井施工中，在提高机械钻速、处理井下复杂事故、安全标准化操作等方面，电驱动钻机具有优越性，代表着石油钻机的发展方向。电驱动钻机包括交流电驱动钻机（AC-AC）、直流电驱动钻机（DC-DC）、可控硅直流电驱动钻机（AC-SCR-DC）、交流变频电驱动钻机（AC-VFD-AC）。

图 1-20　SCR 控制系统

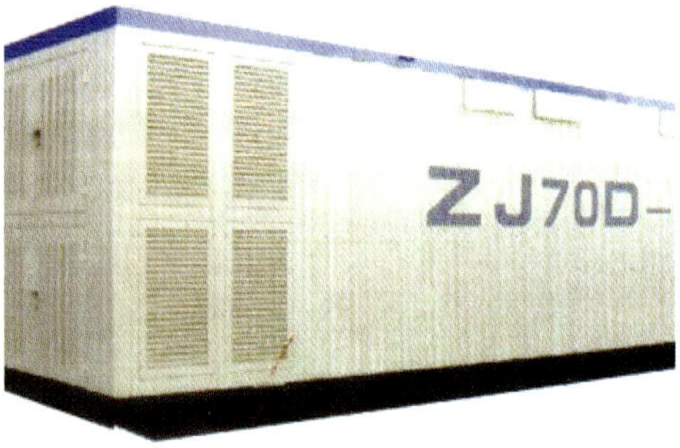

图 1-21　ZJ70D 钻机 SCR 房

现场 SCR 控制系统根据发电机及钻机设备的配置不同，其控制模块的参数及配置也有所不同，SCR 控制系统安装在专用房中，称为 SCR 房。ZJ70D 钻机 SCR 房如图 1-21 所示。以 IPS2200/50D SCR 系统为例，其基本参数见表 1-14。

表 1-14　IPS2200/50D SCR 系统基本参数

设备	项目	参数
引擎、发电机	输出功率	1000kW
	转速	1500r/min
	频率	50Hz
	功率因数	0.7
	额定电压	600V
线路断路器	控制电压（DC）	120V
	电流	2000A
计量模块	控制电压（DC）	24V
	过压保护	700V
	欠频保护	46Hz
	欠压保护	530V
	逆功	7%
	过频保护	54Hz
调压器控制模块	额定输出励磁电流（励磁电压为 63V DC 或 100V DC 时）	10A
	励磁电源提供的最大电流	12A
	励磁电源提供的最大电压	240V
调速器控制模块	SCR 整流器型号	2000
	输入电压（AC）	600V
	输出电流（连续）	2000A
	转换效率	98%
	输入频率	50Hz
	输出电流（间断）	2200A
	工作温度范围	-20 ~ 55℃
	SCR 控制器型号	Type-E
	手轮输入电压（DC）	0 ~ 10V
逻辑控制器	控制线路电压	120V
	频率	50Hz

续表

设备	项目	参数
逻辑控制器	相数	单
	微处理器型号	Allen-Bradley SLC-500
	支持的设备数量	64
	编程软件	Windows APS6.0
	运行速度	57.6K baud
	操作温度	0 ～ 60℃

1.5 循环处理系统

循环处理系统由钻井泵、高压管汇、水龙带、钻井液净化处理设备等组成。循环处理系统的主要作用是冲洗净化井底、携带岩屑、传递动力以及对钻井液进行净化处理。

1.5.1 钻井泵

钻井泵俗称泥浆泵，钻井泵是钻机的三大工作机之一，大多数钻井泵采用三缸单作用活塞泵，由本体、齿轮机构、十字头、活塞缸套、阀总成、空气包等组成，如图 1–22 所示。钻井泵的运转由联动机分配动力或直接使用电动机提供动力。钻井泵的功用如同人体的心脏一样，为钻井液加压提供必要的能量，建立钻井液循环。

图 1–22 钻井泵

钻井泵型号表示方法：F-□或 NB-□

F：宝鸡石油机械有限责任公司生产的钻井泵代号；

NB：兰州石油机械厂及其他厂家生产的钻井泵代号；

□：额定功率，所示数字为推荐的额定冲数和连续运转时的额定输入功率，单位为马力（hp）。

以石油钻井常用的宝鸡石油机械有限责任公司 F-1300、F-1600 钻井泵为例，钻井泵的基本参数见表 1-15 至表 1-17。

表 1-15　F-1300 和 F-1600 钻井泵额定功率

型号 \ 功率 kW(hp) \ 冲速 s/min	130	120	110	100	90
F-1300	1050（1408）	969（1300）	889（1192）	808（1083）	727（975）
F-1600	1293（1733）	1193（1600）	1094（1467）	994（1333）	895（1200）

注：在额定冲速 120s/min、连续运转时的额定输入功率，即是钻井泵的额定功率。

表 1-16　F-1300 和 F-1600 钻井泵额定压力

型号 \ 额定压力 MPa \ 缸套直径 mm	180	170	160	150	140	130
F-1300	18.7	21.0	23.7	27.0	31.0	34.5
F-1600	23.1	25.9	29.2	33.2	34.5	34.5

注：表格中相关参数是按容积效率 100% 和机械效率 90% 计算所得。

表 1-17　F-1300 和 F-1600 钻井泵流量

冲速 s/min \ 流量 L/s \ 缸套直径 mm	180	170	160	150	140	130
130	50.42	44.97	39.83	35.01	30.50	26.30
120	46.54	41.51	36.77	32.32	28.15	24.27
110	42.66	38.05	33.71	29.62	25.81	22.25
100	38.78	34.59	30.64	26.93	23.46	20.23
90	34.90	31.13	27.58	24.24	21.11	18.21
1	0.3878	0.3459	0.3064	0.2693	0.2346	0.2023

注：表格中相关参数是按容积效率 100% 和机械效率 90% 计算所得。

1.5.2 高压管汇

高压管汇将多台钻井泵连接起来，便于钻井泵的倒换与修理维护，并建立多条不同的循环流程，通过地面高压管汇闸门组、地面高压管线、立管及水龙带等将钻井液输送到钻柱中。地面高压管汇闸门组和立管分别如图 1–23 和图 1–24 所示。水龙带是一条两端为活接头的高压软管，在立管顶部与可垂直运动的水龙头或顶驱之间作柔性连接，建立循环通路。连接在顶驱上的水龙带如图 1–25 所示。

图 1–23 地面高压管汇闸门组

图 1–24 立管

图 1–25 水龙带

1.5.3 钻井液净化处理设备

钻井液净化设备主要包括循环罐、振动筛、除砂器、除泥器（清洁器）、离心机、除气器。通常这些设备组成一套完整的钻井液固相控制系统，简称固控系统，实现筛分、除气、除砂、除泥和离心等五级净化处理，满足钻井液净化、加重和循环等需要。部分级别钻机常用的固控系统配套分别见表 1–18 至表 1–25。

表 1–18　ZJ10 钻机常规固控系统配套

序号	要求	设备名称	技术参数	数量
1	必配	循环罐	容积：≥ $50m^3$	1 套
2		振动筛	处理量：≥ $126m^3/h$	2 台
3		加重混合装置	砂泵排量：≥ $180m^3/h$，扬程：≥ 31m	1 套
4	选配	除砂器	处理量：≥ $200m^3$	1 台
5		除泥器	处理量：≥ $200m^3$	1 台

表 1–19　ZJ20 钻机常规固控系统配套

序号	要求	设备名称	技术参数	数量
1	必配	循环罐	容积：≥ $100m^3$	1 套
2		振动筛	处理量：≥ $181.5m^3/h$	2 台
3		除砂器	处理量：≥ $181.5m^3/h$	1 台
4		除泥器	处理量：≥ $181.5m^3/h$	1 台
5		加重混合装置	砂泵排量：≥ $200m^3/h$，扬程：≥ 36m	1 套
6		剪切泵	排量：≥ $155m^3$，扬程：≥ 32m	1 台
7		灌浆泵	排量：≥ $150m^3$，扬程：≥ 28m	1 台
8	选配	除气器	处理量：≥ $181.5m^3/h$	1 台
9		中速离心机	处理量：≥ $40m^3/h$，分离粒度：5 ~ 7μm	1 台

表 1–20　ZJ30 钻机常规固控系统配套

序号	要求	设备名称	技术参数	数量
1	必配	循环罐	容积：≥ $150m^3$	1 套
2		振动筛	处理量：≥ $181.5m^3/h$	2 台
3		除砂器	处理量：≥ $181.5m^3/h$	1 台
4		除泥器	处理量：≥ $181.5m^3/h$	1 台
5		加重混合装置	砂泵排量：≥ $200m^3/h$，扬程：≥ 36m	1 套

续表

序号	要求	设备名称	技术参数	数量
6	必配	剪切泵	排量：≥ 155m^3，扬程：≥ 32m	1 台
7		灌浆泵	排量：≥ 150m^3，扬程：≥ 28m	1 台
8	选配	除气器	处理量：≥ 181.5m^3/h	1 台
9		中速离心机	处理量：≥ 40m^3/h，分离粒度：5 ~ 7μm	1 台

表 1–21　ZJ40 钻机常规固控系统配套

序号	要求	设备名称	技术参数	数量
1	必配	循环罐	容积：≥ 200m^3	1 套
2		振动筛	处理量：≥ 181.5m^3/h	2 台
3		除砂器	处理量：≥ 181.5m^3/h	1 台
4		除泥器	处理量：≥ 181.5m^3/h	1 台
5		加重混合装置	砂泵排量：≥ 200m^3/h，扬程：≥ 36m	1 套
6		剪切泵	排量：≥ 155m^3，扬程：≥ 32m	1 台
7		灌浆泵	排量：≥ 150m^3，扬程：≥ 28m	1 台
8	选配	除气器	处理量：≥ 181.5m^3/h	1 台
9		中速离心机	处理量：≥ 40m^3/h，分离粒度：5 ~ 7μm	1 台

表 1–22　ZJ50 钻机常规固控系统配套

序号	要求	设备名称	技术参数	数量
1	必配	循环罐	容积：≥ 250m^3	1 套
2		振动筛	处理量：≥ 181.5m^3/h	2 台
3		除砂器	处理量：≥ 181.5m^3/h	1 台
4		除泥器	处理量：≥ 181.5m^3/h	1 台
5		中速离心机	处理量：≥ 40m^3/h，分离粒度：5 ~ 7μm	1 台
6		加重混合装置	砂泵排量：≥ 200m^3/h，扬程：≥ 36m	1 套
7		剪切泵	排量：≥ 155m^3，扬程：≥ 32m	1 台
8		灌浆泵	排量：≥ 150m^3，扬程：≥ 28m	1 台
9		除气器	处理量：≥ 181.5m^3/h	1 台
10	选配	高速离心机	处理量：≥ 40m^3/h，分离粒度：2 ~ 5μm	1 台

表 1–23　ZJ70 钻机常规固控系统配套

序号	要求	设备名称	技术参数	数量
1	必配	循环罐	容积：≥ 300m^3	1 套
2		振动筛	处理量：≥ 181.5m^3/h	2 台
3		除砂器	处理量：≥ 181.5m^3/h	1 台
4		除泥器	处理量：≥ 181.5m^3/h	1 台
5		中速离心机	处理量：≥ 40m^3/h，分离粒度：5 ~ 7μm	1 台
6		加重混合装置	砂泵排量：≥ 200m^3/h，扬程：≥ 36m	1 套
7		剪切泵	排量：≥ 155m^3，扬程：≥ 32m	1 台
8		灌浆泵	排量：≥ 150m^3，扬程：≥ 28m	1 台
9		除气器	处理量：≥ 181.5m^3/h	1 台
10		高速离心机	处理量：≥ 40m^3/h，分离粒度：2 ~ 5μm	1 台

表 1–24　ZJ90 钻机常规固控系统配套

序号	要求	设备名称	技术参数	数量
1	必配	循环罐	容积：≥ 400m^3	1 套
2		振动筛	处理量：≥ 202.2m^3/h	3 台
3		除砂器	处理量：≥ 202.2m^3/h	1 台
4		除泥器	处理量：≥ 202.2m^3/h	1 台
5		中速离心机	处理量：≥ 40m^3/h，分离粒度：5 ~ 7μm	1 台
6		加重混合装置	砂泵排量：≥ 200m^3/h，扬程：≥ 36m	1 套
7		剪切泵	排量：≥ 155m^3，扬程：≥ 32m	1 台
8		灌浆泵	排量：≥ 150m^3，扬程：≥ 28m	1 台
9		除气器	处理量：≥ 181.5m^3/h	1 台
10		高速离心机	处理量：≥ 40m^3/h，分离粒度：2 ~ 5μm	1 台

表 1–25　ZJ120 钻机常规固控系统配套

序号	要求	设备名称	技术参数	数量
1	必配	循环罐	容积：≥ 500m^3	1 套
2		振动筛	处理量：≥ 209.7m^3/h	4 台
3		除砂器	处理量：≥ 209.7m^3/h	1 台
4		除泥器	处理量：≥ 209.7m^3/h	1 台
5		中速离心机	处理量：≥ 40m^3/h，分离粒度：5 ~ 7μm	1 台

续表

序号	要求	设备名称	技术参数	数量
6	必配	加重混合装置	砂泵排量：≥ 240m^3/h，扬程：≥ 36m	1 套
7		剪切泵	排量：≥ 155m^3，扬程：≥ 32m	1 台
8		灌浆泵	排量：≥ 150m^3，扬程：≥ 28m	1 台
9		除气器	处理量：≥ 209.5m^3/h	1 台
10		高速离心机	处理量：≥ 40m^3/h，分离粒度：2 ~ 5μm	1 台

1.5.3.1 循环罐

循环罐是钻井液循环系统中不可缺少的部分，如图 1–26 所示。其作用是承载自井口到钻井泵之间的钻井液，通过循环罐上相应的固控设备，将钻井液中的固相颗粒逐级分离，并通过钻井液加重混配系统进行调配，使其达到钻井工艺要求。根据钻机级别、施工工艺要求等，现场需要配备数量不等的循环罐。钻井现场常用的循环罐基本参数示例见表 1–26。

图 1–26　循环罐

表 1–26　循环罐基本参数

项目	计量单位	参数
单罐外形尺寸（长 × 宽 × 高）	m × m × m	10.5 × 2.4 × 2.5
单罐有效容积	m^3	50
中压循环管线额定压力	MPa	6.4
低压循环管线额定压力	MPa	1.6

续表

项目	计量单位	参数
钻井泵吸入管线口径	mm	245
吸入口中心线高度	mm	450
钻井液搅拌器功率	kW	7.5

1.5.3.2 振动筛

振动筛是一种筛分设备，是钻井液固相控制系统的一级净化设备，如图 1–27 所示。它通过机械振动把大于网孔的固体和通过吸附作用将部分小于网孔的固体筛离出来。含有小于网孔固相的液相透过筛网流入在用钻井液系统，从而完成分离作用。振动筛处理量的选择应为钻井泵最大总排量的 100% ～ 125%。宝鸡石油机械有限责任公司生产的 2ZS4.2–280 振动筛基本参数见表 1–27。

图 1–27 振动筛

表 1–27 2ZS4.2–280 振动筛基本参数

项目	计量单位	参数
单筛处理量	L/s	40 ～ 50
激振频率	Hz	20.46
振幅	mm	2.5
振动强度		4.2
电动机功率	kW	2 × 3
外形尺寸（长 × 宽 × 高）	mm × mm × mm	1900 × 1380 × 400

续表

项目	计量单位	参数
质量	kg	1735
筛网面积	m^2	≥ 2.3
筛分固相颗粒直径	μm	≥ 75
钻井液处理能力	m^3/h	> 200

1.5.3.3 除气器

除气器参见图 1–28。在钻井过程中，当井下地层中气体混入钻井液后，钻井液密度发生改变，进而影响钻井液携带泥砂的能力和井内压力平衡。此时，可通过除气器将钻井液中的气体排除，恢复钻井液密度，稳定钻井液黏度，完成对钻井液的二级净化。除气器的处理量应为钻井泵最大总排量的 100% ~ 125%。除气器基本参数示例见表 1–28。

图 1–28　除气器

表 1–28　除气器基本参数

型号	ZCQ/4	ZCQ200	ZCQ240
处理量，m^3/h	200	200	240
真空泵电动机功率，kW	2.2	2.2	3
主电动机功率，kW	15	15	18.5
转速，r/min	970	970	970

续表

型号	ZCQ/4	ZCQ200	ZCQ240
真空度，MPa	0.03 ～ 0.04	0.03 ～ 0.04	0.03 ～ 0.04
工作电压，V	380	380	380

1.5.3.4 除砂器

除砂器参见图 1–29。它由直径 150 ～ 300mm 的水力旋流器和钻井液振动筛组成，是钻井液固相控制系统的三级净化设备。经振动筛处理后的钻井液经砂泵抽吸进入除砂器的水力旋流器。正常工作的除砂器能清除约 95% 粒径大于 74μm 的钻屑和约 50% 粒径大于 40μm 的钻屑。除砂器的处理量应为钻井泵最大总排量的 100% ～ 125%。除砂器基本参数示例见表 1–29 和表 1–30。

图 1–29　除砂器

表 1–29　除砂器中水力旋流器基本参数

项目	计量单位	参数
水力旋流器最大直径	mm	300
水力旋流器数量	个	2
工作压力	MPa	0.2 ～ 0.4
处理量	m^3/h	200
进液管直径	mm（in）	152.4（6）
排液管直径	mm（in）	152.4（6）
旋流器锥角	（°）	20
底流口直径	mm	25

表 1-30 除砂器中钻井液振动筛基本参数

项目	计量单位	参数
激振方式		自振电动机
激振转数	r/min	1445
激振力	kN	0 ～ 12
筛网目数		上层 120 目；下层 40 目
筛网尺寸（长 × 宽）	mm × mm	1800 × 600
电动机功率	kW	0.5

1.5.3.5 除泥器（清洁器）

除泥器也叫清洁器，参见图 1-30。它由直径 100 ～ 150mm 的水力旋流器和钻井液振动筛组成，是钻井液固相控制系统的四级净化设备。经除砂器净化后的钻井液经除泥泵抽吸并泵入除泥器的水力旋流器。正常工作的除泥器能清除约 95% 粒径大于 40μm 的钻屑和约 50% 粒径大于 15μm 的钻屑。除泥器的处理量应为钻井泵最大总排量的 100% ～ 125%。功能更为全面的是将除砂器、除泥器以及底流振动筛合三为一的设备，称为除砂除泥一体机，参见图 1-31，可实现除砂、除泥的双重目的。除泥器基本参数示例见表 1-31 和表 1-32。

图 1-30 除泥器（清洁器）

图 1-31 除砂除泥一体机

表 1–31　除泥器中水力旋流器基本参数

项目	计量单位	参数
水力旋流器最大直径	mm	125
水力旋流器数量	个	10
工作压力	MPa	0.2 ～ 0.4
处理量	m^3/h	100 ～ 200
进液管直径	mm（in）	152.4（6）
排液管直径	mm（in）	152.4（6）
旋流器锥角	（°）	20
底流口直径	mm	25

表 1–32　除泥器中钻井液振动筛基本参数

项目	计量单位	参数
激振方式		自振电动机
激振转数	r/min	1445
激振力	kN	0 ～ 10
筛网目数	目	120（上层）；40（下层）
筛网尺寸（长 × 宽）	mm × mm	1100 × 655
电动机功率	kW	0.5

1.5.3.6　离心机

离心机参见图 1–32。循环罐的离心分离仓上设有离心机，是钻井液固相控制系统的五级净化设备。工作时，钻井液在螺杆泵的作用下输入到 1500 ～ 3000r/min 高速旋转的离心机内，离心机可分离粒径不小于 2μm 的颗粒。离心机主要用于回收加重钻井液中的重晶石、清除细小固相及胶体，在非加重钻井液中清除钻屑。离心机的处理量应为钻井泵最大总排量的 5% ～ 10%。LW520 × 2080–NA 离心机基本参数见表 1–33。

表 1–33　LW520 × 2080–NA 离心机基本参数

项目	计量单位	参数
转鼓直径 × 转鼓长度	mm × mm	520 × 2080
转鼓的最高转速	r/min	3000
转鼓与螺旋的差转速	r/min	15 ～ 25

续表

项目	计量单位	参数
分离因数		2621
转鼓长径比（*L/D*）		4
电动机功率	kW	45（主）+15（辅）
质量	kg	5000
外形尺寸（长 × 宽 × 高）	mm × mm × mm	4582 × 1248 × 1429
处理能力	m^3/h	15 ～ 32

图 1–32　离心机

1.5.3.7　加重混合漏斗

加重混合漏斗是钻井现场常用的一种配液装置，参见图 1–33。利用钻井液射流，在混合漏斗内以很短的时间均匀混合大量的加重材料。加重混合漏斗基本参数示例见表 1–34。

图 1–33　加重混合漏斗

表 1–34 加重混合漏斗基本参数

项目		计量单位	参数
外形尺寸（长 × 宽 × 高）		mm × mm × mm	1350 × 1200 × 720
喷嘴		mm（in）	50.8（2）
输入压力		MPa	0.22 ～ 0.4
三通		mm（in）	168（$6^5/_8$）
流量		m^3/h	180
喷嘴与文丘利管间距		mm	32 ～ 80
处理量	黏土	kg/min	180
	重晶石	kg/min	315

1.6 油气水设施

油气水设施是钻井现场储存生产水、燃油、加重材料、化学药剂等生产物资及制备储存压缩空气的设备。主要有密闭储灰罐、燃油罐、套装水罐、压风机等。

1.6.1 密闭储灰罐

密闭储灰罐是储存加重石粉的设备，如图 1–34 所示。现场根据要求需配备 1 ～ 4 个数量不等的密闭储灰罐，如果现场不配备密闭储灰罐，则需储备袋装加重材料。密闭储灰罐基本参数示例见表 1–35。

图 1–34 密闭储灰罐

表 1-35　密闭储灰罐基本参数

项目	计量单位	参数
设计压力	MPa	1.05
进气压力	MPa	≤ 0.3
设计温度	℃	0 ~ 50
储罐直径	mm	2500
公称容积	m^3	24
卸灰速度	t/min	≥ 1.5
剩灰率	%	≤ 0.3
质量	kg	5639
外形尺寸（直径 × 高度）	mm × mm	2500 × 6400

1.6.2　燃油罐（柴油罐）

燃油罐（柴油罐）是储存燃油（柴油）的设备，如图 1-35 所示。为柴油机、柴油发电机等设备提供动力能源。燃油罐（柴油罐）基本参数示例见表 1-36。

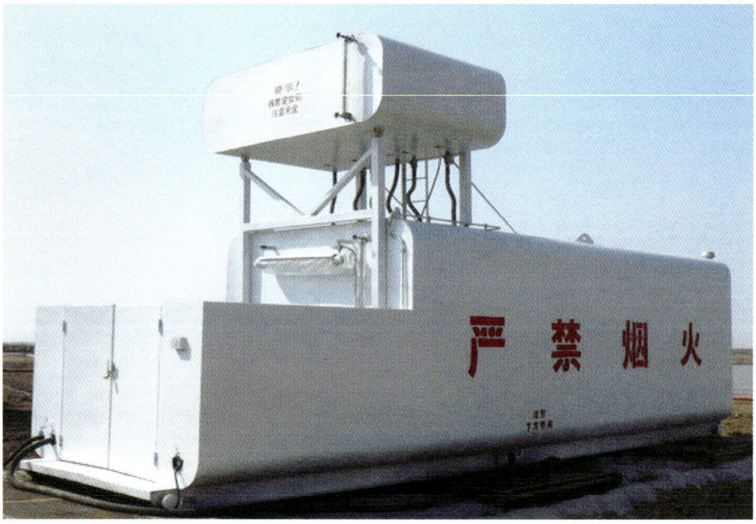

图 1-35　燃油罐（柴油罐）

表 1-36　燃油罐（柴油罐）基本参数

项目	计量单位	参数
设计压力	MPa	常压
使用温度	℃	≤ 50

续表

项目	计量单位	参数
常用容积	m^3	20，30，40，50，60 等
防锈等级		Sa2.5
涂层厚度	mm	≥ 0.6
使用寿命	a	20

1.6.3 套装水罐

套装水罐是储存工业用水的设备，如图 1–36 所示。为配置和处理钻井液、设备冷却及固井施工等提供工业用水。套装水罐基本参数示例见表 1–37。

图 1–36　套装水罐

表 1–37　套装水罐基本参数

项目		计量单位	参数
上罐	罐体尺寸（长 × 宽 × 高）	m × m × m	6.5 × 2.5 × 2.5
	底座尺寸（长 × 宽 × 高）	m × m × m	6.5 × 2.5 × 0.14
	容积	m^3	40
下罐	罐体尺寸（长 × 宽 × 高）	m × m × m	7.5 × 3 × 2.7
	底座尺寸（长 × 宽 × 高）	m × m × m	9.8 × 3 × 0.25
	容积	m^3	60
总容积		m^3	100

1.6.4 电动压风机

电动压风机是用于制备现场所需压缩空气的设备，参见图 1–37。柴油机的启动、钻机等设备的控制以及部分井口工具都需要由压缩空气来提供动力。LS16–60 电动压风机基本参数见表 1–38。

图 1–37 LS16–60 电动压风机

表 1–38 LS16–60 电动压风机基本参数

型号	LS16–60L	LS16–60H
公称容积流量，m^3/min（CFM）	8.5（300）	7.7（270）
额定排气压力，bar（psi）	7.0（100）	8.0（115）
安全阀开启压力，bar（psi）	9.0（130）	10.0（145）
润滑油牌号	Sullube32 或 24KT	
润滑油容量，L	34	
电动机型号	364TSC–4	
额定功率，kW（hp）	45（60）	
额定转速，r/min	1475	
电压及频率	380V/415V 50Hz（可选 230V/460V 60Hz）	
使用系数	1.15	
使用环境温度，℃	≤ 40	
启动方式	Y– △	
机组质量，kg	1440	
外形尺寸（长 × 宽 × 高），mm × mm × mm	2000 × 1200 × 1680	

1.7 监测系统

钻井监测系统主要包括指重表与传压器、钻井参数仪、测斜仪、钻井液液面监测仪等用于监测或控制钻井过程中相关参数的各种仪表与工具，以保证按设计要求进行钻井施工。

1.7.1 指重表与传压器

指重表与传压器参见图 1–38。指重表是指示并记录钻具悬重和钻压变化的一种显示仪器，由死绳固定器、重量指示仪和记录仪三部分组成。传压器是将死绳拉力转换为液体压力的机构，转换后的液体压力信号传递给重量指示仪和记录仪。指重表基本参数示例见表 1–39。

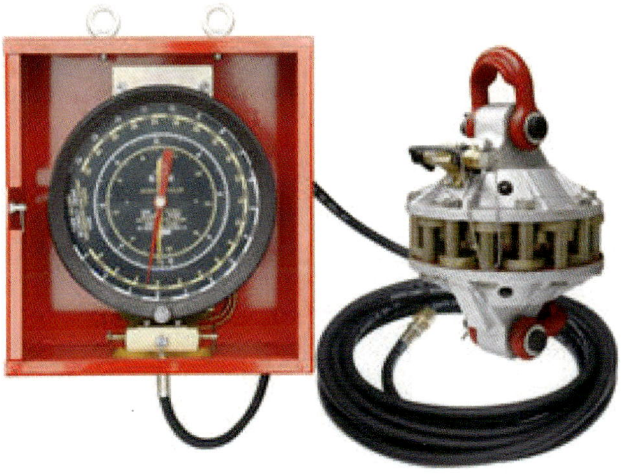

图 1–38 指重表与传压器

表 1–39 指重表基本参数

指重表型号	死绳固定器型号	最大死绳拉力 kN	表盘绳数 条	相应载荷 kN	死绳固定器输出压力 MPa
JZ500	JZG42	420	12	5040	6
			10	4200	
JZ400	JZG35	350	12	4200	6
			10	3500	

续表

指重表型号	死绳固定器型号	最大死绳拉力 kN	表盘绳数 条	相应载荷 kN	死绳固定器输出压力 MPa
JZ250	JZG24	240	10	2400	6
			8	1920	
JZ200	JZG20	200	10	2000	6
			8	1600	
JZ150	JZG18	180	8	1440	6
			6	1080	
JZ100	JZG15	150	8	1200	6
			6	900	

1.7.2 钻井参数仪

钻井参数仪参见图 1–39。钻井参数仪可提供丰富的钻井工程信息，如大钩悬重、钻压、泵冲速、泵压、转盘转速、井深、方入、方余、钻时等，可对钻井工况及有关参数进行实时监测，并可及时预报可能出现的复杂情况和钻井事故，从而为现场操作及技术人员现场决策提供可靠的实时资料。SZJ 钻井参数仪基本参数见表 1–40。

图 1–39 钻井参数仪

表 1-40 SZJ 钻井参数仪基本参数

项目		参数
转盘扭矩	测量范围	0 ~ 40kN · m
	测量误差	± 5%
吊钳扭矩	测量范围	0 ~ 100kN · m
	测量误差	± 2.5%
立管压力	测量范围	0 ~ 35MPa
	测量误差	± 1.5%
大钩悬重	测量范围	0 ~ 1440kN（8 绳）
	测量误差	± 1.5%
转盘转速	测量范围	0 ~ 300r/min
钻井泵冲速	测量范围	0 ~ 300s/min
工作电压		220V AC ± 10%

1.7.3 测斜仪

测斜仪参见图 1-40。可以通过吊测或投测的方式，将装有测斜仪的探管送入钻具水眼近井底处，测量该处井斜、方位等数据，为钻井现场人员及时了解井眼轨迹、合理选用钻井参数提供依据。测斜仪现多为电子测斜仪，测斜仪基本参数示例见表 1-41。

图 1-40 测斜仪

表 1-41　测斜仪基本参数

型号		ESS 电子测斜仪	YSS 电子测斜仪
井斜角	测量范围	0° ～ 180°	0° ～ 180°
	系统精度	± 0.2°	± 0.3°
井斜方位角	测量范围	0° ～ 360°	0° ～ 360°
	系统精度	± 1.0°	± 2.0°
磁边工具面角	测量范围	0° ～ 360°	0° ～ 360°
	系统精度	± 1.5°	± 2.0°
高边工具面角	测量范围	0° ～ 360°	0° ～ 360°
	系统精度	± 1.5°	± 2.0°
磁倾角	系统精度	1.0°	
外径，mm		35	32
耐温，℃		125	125
抗压筒抗压，MPa		102	100
抗压筒外径，mm		44.5	44.5

1.7.4　钻井液液面监测仪

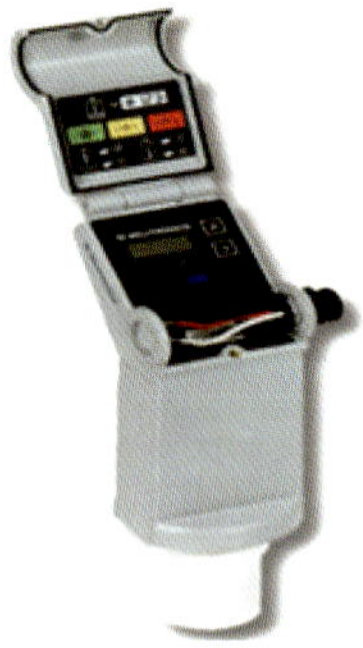

图 1-41　钻井液液面监测仪

钻井液液面监测仪参见图 1-41。通过安装在各循环罐罐面上的液面监测仪，实时将监测数据传输到录井房和司钻房的相应仪表上，显示出各循环罐钻井液量及总钻井液量的增减，及时判断和发现溢流、井漏等险情。钻井液液面监测仪基本参数示例见表 1-42。

表 1-42　钻井液液面监测仪基本参数

项目	参数
工作温度，℃	−40 ～ 60
工作电压（DC），V	24
测量范围，m	0.25 ～ 5
测量精度（FS），%	± 0.25
输出信号，mA	4 ～ 20
测量盲区，m	0.25
防护等级	IP67

1.8 井控系统

井控系统包括防喷器、控制装置、节流管汇、压井管汇、钻具内防喷工具、液气分离器等井控设备。通过井控系统的这些设备可以及时发现井涌，控制井内压力，避免和排除井涌，以及防止井喷和井喷失控事故发生，是实施井控工艺技术的保证。

1.8.1 防喷器

防喷器安装在井口最上端，相当于为所钻的油气井安装了一个闸阀。常用的防喷器有环形防喷器、闸板防喷器，进行欠平衡钻井时，还需要安装旋转防喷器（也称旋转控制头）。根据油气井本身情况不同，现场井口所装防喷器的类型、数量和组合并不一致。在井口将四通及其他数个防喷器组合在一起，称为防喷器组。

1.8.1.1 闸板防喷器

主要有单闸板防喷器和双闸板防喷器，参见图 1–42。通过安装全封闸板、半封闸板、剪切闸板、变径闸板等不同的闸板来实现不同的功能。闸板防喷器分为液压和手动两种控制方式。

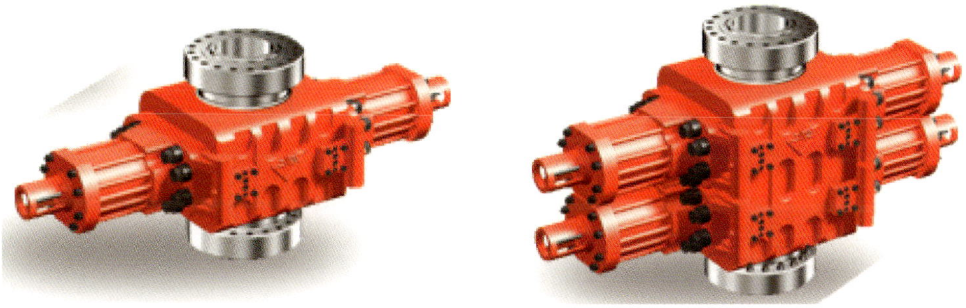

（a）单闸板　　（b）双闸板

图 1–42　闸板防喷器

闸板防喷器型号表示方法：1 FZ 2 – 3

FZ：闸板防喷器的代号。

1：闸板数量。

无数字——单闸板防喷器（省略数字 1）；

2——双闸板防喷器；

3——三闸板防喷器；

4——四闸板防喷器。

[2]：公称通径，取其整数，单位为厘米（cm）；

[3]：额定工作压力，单位为兆帕（MPa）。

例如：2FZ35-70 表示公称通径为 34.61cm、额定工作压力为 70MPa 的双闸板防喷器。

闸板防喷器基本参数示例见表 1-43。

表 1-43 闸板防喷器基本参数

型号	FZ35-35	2FZ35-35	FZ35-70	2FZ35-70
通径 mm（in）	346.1 （$13^5/_8$）		346.1 （$13^5/_8$）	
静水压试验压力 MPa（psi）	52.5 （7500）		105 （15000）	
额定工作压力 MPa（psi）	35 （5000）		70 （10000）	
液控额定工作压力 MPa（psi）	21 （3000）		21 （3000）	
推荐液控操作压力 MPa（psi）	8.4 ～ 10.5 （1200 ～ 1500）		8.4 ～ 10.5 （1200 ～ 1500）	
开启一副闸板所需油量 L	17.2		30	
关闭一副闸板所需油量 L	14.4		33	
侧出口规格	79.4mm-35MPa （$3^1/_8$in-5000psi）		103.2mm-70MPa （$4^1/_{16}$in-10000psi）	

1.8.1.2 环形防喷器

环形防喷器旧称万能防喷器，必须配备液压控制系统才能使用。通常它与闸板防喷器配套使用，也可单独使用。根据胶芯的不同，通常分为锥形胶芯环形防喷器和球形胶芯环形防喷器，分别参见图 1-43 和图 1-44。

环形防喷器型号表示方法：FH [1] [2] - [3]

FH：环形防喷器代号。

[1]：环形防喷器胶芯类型。

省略时——球形胶芯；

Z——锥形胶芯。

[2]：公称通径，取其整数，单位为厘米（cm）。

[3]：额定工作压力，单位为兆帕（MPa）。

例如：FH28–70 表示公称通径为 27.94cm、额定工作压力为 70MPa 的球形胶芯环形防喷器。

图 1–43 锥形胶芯环形防喷器

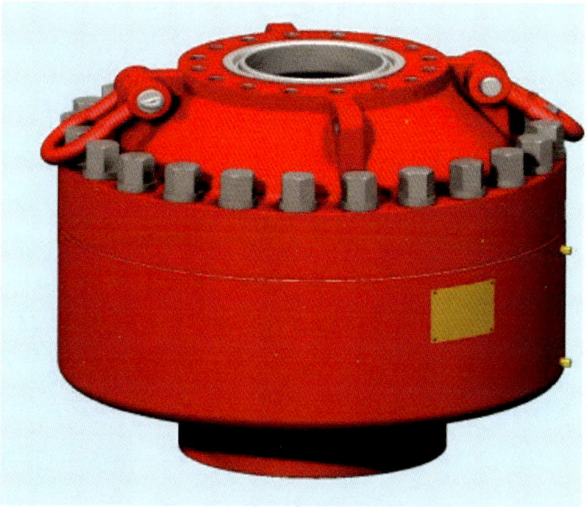

图 1–44 球形胶芯环形防喷器

环形防喷器基本参数示例见表 1–44。

表 1–44 环形防喷器基本参数

型号	FH54–35	FH35–35	FH28–70
通径，mm（in）	539.7（$21^1/_4$）	346.1（$13^5/_8$）	279.4（11）
静水压试验压力 MPa（psi）	21（3000）	52.5（7500）	105（15000）
额定工作压力 MPa（psi）	14（2000）	35（5000）	70（10000）
液控额定工作压力 MPa（psi）	14（2000）	14（2000）	14（2000）
推荐液控操作压力 MPa（psi）	≤ 10.5（≤ 1500）	≤ 10.5（≤ 1500）	≤ 10.5（≤ 1500）
开启一次胶芯所需油量 L	84.9	72	66
关闭一次胶芯所需油量 L	136.5	98	67
密封范围，mm	0 ～ 539.7	0 ～ 346.1	0 ～ 279.4

1.8.1.3 旋转防喷器

旋转防喷器是用于欠平衡钻井的动密封装置，也称旋转控制头，参见图 1–45。与其他液压控制防喷器配套使用，可进行带压钻进与不压井起下钻作业，对发现和保护低压油气层有着重要作用。旋转防喷器基本参数示例见表 1–45。

图 1-45　旋转防喷器

表 1-45　旋转防喷器基本参数

型号	XF35-10.5/21	PRCD-3000	Williams 7000
中心管通径 mm（in）	178 （7）	180 （$7^{1}/_{16}$）	
最大静密封压力 MPa（psi）	21 （3000）	21 （3000）	21 （3000）
最大动密封压力 MPa（psi）	10.5 （1500）	10.5 （1500）	14 （2000）
最大转速，r/min	100	100	100
底部法兰	346.1mm-35MPa （$13^{5}/_{8}$in-5000psi）		
侧旁通法兰	179.4mm-35MPa （$7^{1}/_{16}$in-5000psi）		
	52.4mm-35MPa （$2^{1}/_{16}$in-5000psi）		

1.8.2　控制装置

液压防喷器的控制装置包括远程控制台、司钻控制台、辅助控制台等。远程控制台是控制装置的核心设备，其功用就是预先制备与储存足量的液压油，当需要时控制液压油的流动方向，使液压防喷器能够迅速开关，参见图 1-46。司钻控制台是远程控制台的遥控装置，可在钻台远程遥控远程控制台进行操作，实现井口防喷器组的开关，参见图 1-47。

图 1–46　远程控制台

图 1–47　司钻控制台

防喷器控制装置型号表示方法：FK[1][2][3][4]

FK：防喷器控制装置代号。

[1]：遥控方式。

Q——气控；

Y——液控；

DY——电液控；

DQ——电气控；

非遥控不标注符号。

[2]：蓄能器组公称总容积，单位为升（L）。

[3]：控制对象数量。

[4]：改进次数，用 A、B、C 等表示。

例如：FKQ6407 表示气控型、蓄能器组公称总容积为 640L、控制对象为 7 个的防喷器控制装置。

远程控制台、司钻控制台基本参数示例分别见表 1–46 和表 1–47。

表 1–46　远程控制台基本参数

型号	控制数量 个	系统工作压力 MPa	蓄能器容积和数量 L× 只	有效排油量 L	油箱容积 L	电动机功率 kW
FK2403	3	21	40 × 6	120	456	11.0
FKQ3204	4	21	40 × 8	160	790	18.5
FKQ6406	6	21	40 × 16	320	1300	18.5
FKQ8007	7	21	80 × 10	400	1600	18.5

表 1-47　司钻控制台基本参数

型号	控制方式	工作介质	控制数量 个	工作压力 MPa	远程控制台 型号
SZQ114	气控	压缩空气	4	0.65 ～ 0.80	FKQ3204
SZQ115	气控	压缩空气	5	0.65 ～ 0.80	FKQ4005
SZQ116	气控	压缩空气	6	0.65 ～ 0.80	FKQ6406
SZQ117	气控	压缩空气	7	0.65 ～ 0.80	FKQ8007

1.8.3　节流管汇

节流管汇是控制井内流体和井口压力、实施油气井压力控制技术的可靠且必要的设备，参见图 1-48。对于安装液动节流阀的节流管汇，还需配备节流控制箱，参见图 1-49。

图 1-48　节流管汇

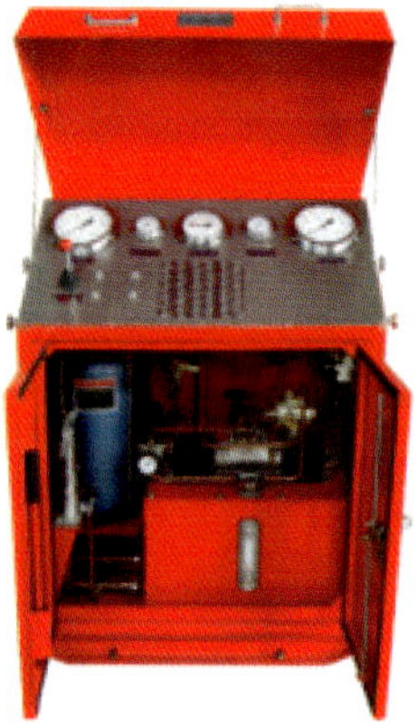

图 1-49　节流控制箱

节流管汇型号表示方法：JG-1 2 -3

JG：节流管汇代号。

1：节流控制方式。

S——手动控制；

Y——液动控制；

Q——气动控制。

2：节流阀数量。

3：额定工作压力，单位为兆帕（MPa）。

例如：JG-Y2-35 表示具有 2 个液动控制节流阀、额定工作压力为 35MPa 的节流管汇。JG–SY–70 表示具有 1 个手动控制节流阀、1 个液动控制节流阀、额定工作压力为 70MPa 的节流管汇。

节流管汇基本参数示例参见表 1–48。

表 1–48 节流管汇基本参数

项 目	参 数
工作压力	14 ～ 105MPa （2000 ～ 15000psi）
工作介质	天然气、钻井液
主放喷通径	77.79 ～ 103.19mm （$3^1/_{16}$ ～ $4^1/_{16}$in）
节流放喷通径	52.39 ～ 103.19mm （$2^1/_{16}$ ～ $4^1/_{16}$in）
温度级别	–29 ～ 121℃

1.8.4 压井管汇

压井管汇是在当不能通过钻柱进行正常循环或在某些特定条件下实施反循环压井时，通过压井管汇向井内泵入钻井液，以达到控制油气井压力的目的。压井管汇参见图 1–50。

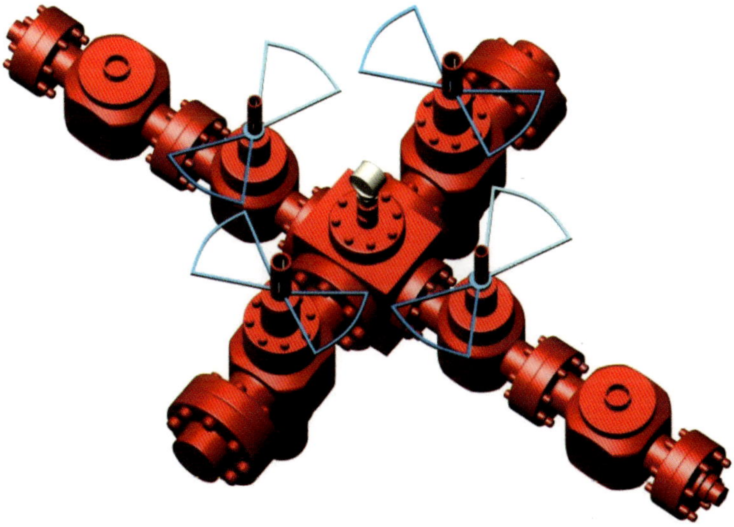

图 1–50 压井管汇

压井管汇型号表示方法：YG- [1]

YG：压井管汇代号。

[1]：额定工作压力，单位为兆帕（MPa）。

例如：YG-70 表示额定工作压力为 70MPa 的压井管汇。

压井管汇基本参数示例见表 1-49。

表 1-49　压井管汇基本参数

项目	参数
工作压力	14 ～ 105MPa （2000 ～ 15000psi）
工作介质	天然气、钻井液
主放喷通径	77.79 ～ 103.19mm （$3^1/_{16}$ ～ $4^1/_{16}$in）
节流放喷通径	52.39 ～ 103.19mm （$2^1/_{16}$ ～ $4^1/_{16}$in）
温度级别	-29 ～ 121℃

1.8.5　钻具内防喷工具

钻井过程中，当地层压力超过钻井液静液柱压力时，为了防止钻井液沿钻柱水眼向上喷出，防止水龙带因高压憋坏，以及避免井喷和井喷失控，需使用内防喷工具。钻具内防喷工具主要有钻具止回阀、旋塞阀、浮阀等，参见图 1-51、图 1-52 和图 1-53。

图 1-51　钻具止回阀

图 1-52　旋塞阀

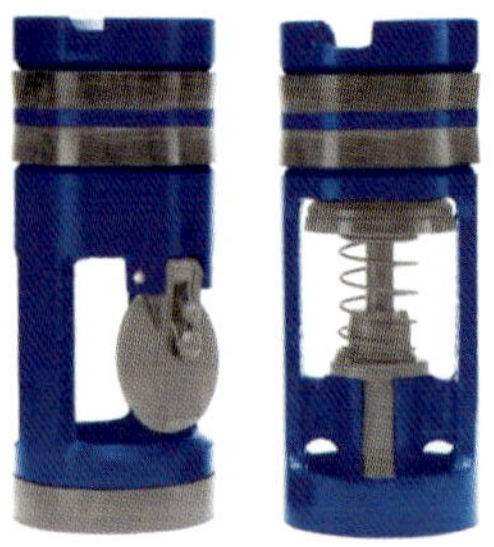

图 1-53　浮阀

1.8.6　液气分离器

液气分离器是气侵钻井液初级脱气的专用设备，参见图 1-54。液气分离器安装在节流管汇后端，用于除去侵入钻井液中的气体。

图 1-54　液气分离器

液气分离器型号表示方法：YQF-①/②-③

YQF：液气分离器代号。

①：钻井液最大日处理量，单位为立方米（m^3）；

②：分离罐最高工作压力，单位为兆帕（MPa）；

③：改进序号，用数字表示，原型不标注。

例如：YQF-8000/1.5-2 表示钻井液液体最大日处理量为 8000m^3、罐体最高工作压力为 1.5MPa、第 2 次改进设计的液气分离器。液气分离器基本参数示例见表 1-50。

表 1-50　液气分离器基本参数

型号	YQF-6000/0.8	YQF-8000/1.5	YQF-8000/2.5	YQF-8000/4
液体最大处理量，m^3/d	6000	8000	8000	8000
气体最大处理量，m^3/d	100000	147000	147000	147000
设计压力，MPa	1.0	1.6	2.7	4.2
最高工作压力，MPa	0.8	1.5	2.5	4.0
内径 × 壁厚，mm	800 × 10	1200 × 10	1200 × 14	1200 × 24
排气口直径，mm	≥ 159	≥ 219	≥ 219	≥ 219
排液口直径，mm	≥ 219	≥ 219	≥ 219	≥ 219
排污口直径，mm	≥ 159	≥ 159	≥ 159	≥ 159
容积，m^3	≥ 1.6	≥ 6	≥ 6	≥ 6

1.9 井场用房

井场用房包括值班房、钻台偏房、机房值班房、材料房、消防工具房、钻井液材料房、钻井液值班房、坐岗房等。部分井场用房由标准集装箱改造而成，方便使用与运输。值班房参见图 1–55，材料房基本参数示例参见表 1–51。

图 1–55 值班房

表 1–51 材料房基本参数

项目	计量单位	参数	
外形尺寸（长 × 宽 × 高）	m × m × m	6.0 × 2.4 × 2.6	12.2 × 2.4 × 2.6
容积	m^3	28	58
载重	t	17.5	22

1.10 辅助工具与设施

辅助工具与设施包括吊钳、井口工具、液压站、动力小绞车、钻杆排放架与猫道等。

1.10.1 吊钳

吊钳是用于上、卸各类下井钻具螺纹的工具。吊钳按结构可分为多扣合钳和单扣合钳；按功用分为钻杆吊钳、套管吊钳、油管吊钳；按性能可分为 B 形吊钳和液气大钳，分别参见图 1–56 和图 1–57。下套管时，还需使用套管液压吊钳，参见图 1–58。在现代化钻机中，自动化程度更高的吊钳是“铁钻工”，参见图 1–59。铁钻工是多功能动力大钳，夹持范围大，由于价格较昂贵，所以海上钻机较多使用，而陆地钻机很少配备。多扣合钳（钻杆、套管吊钳）基本参数示例见表 1–52。液气大钳基本参数示例见表 1–53。套管液压吊钳基本参数示例见表 1–54。

图 1–56　B 形吊钳

图 1–57　液气大钳

图 1–58　套管液压吊钳

图 1–59　铁钻工

表 1–52　多扣合钳（钻杆、套管吊钳）基本参数

型号	Q60 ～ 273 × 35	Q86 ～ 324 × 75	Q86 ～ 432 × 90	Q102 ～ 305 × 140
适用管径范围 mm（in）	60.3 ～ 273 （$2^3/_8$ ～ $10^3/_4$）	85.7 ～ 323.9 （$3^3/_8$ ～ $12^3/_4$）	85.7 ～ 431.8 （$3^3/_8$ ～ 17）	101.6 ～ 304.8 （4 ～ 12）
最大扭矩 kN · m	35	75	90	140

表 1–53　液气大钳基本参数

型号	Q60～127×25	Q86～162×50	Q127～162×75	Q127～203×100	Q127～203×125	Q162～254×145
适用管径范围 mm（in）	60～127（$2^3/_8$～5）	86～162（$3^3/_8$～$6^3/_8$）	127～162（5～$6^3/_8$）	127～203（5～8）	127～203（5～8）	162～254（$6^3/_8$～10）
液压源额定压力 MPa	12～18				16～20	
工作气压 MPa	0.5～0.9					
最大扭矩 kN·m	25	50	75	100	125	145

表 1–54　套管液压吊钳基本参数

型号	Q101～178×16	Q101～245×20	Q140～340×35	Q245～508×40	Q114～356×55	Q245～508×70
适用管径范围 mm（in）	101～178（4～7）	101～245（4～$9^5/_8$）	140～340（5½～$13^3/_8$）	245～508（$9^5/_8$～20）	114～356（$4^1/_2$～14）	245～508（$9^5/_8$～20）
液压源额定压力 MPa	12～18					
工作气压 MPa	0.5～0.9					
最大扭矩 kN·m	16	20	35	40	55	70

吊钳型号表示方法：Q 1 × 2

Q：吊钳代号。

1：适用管径，单位为毫米（mm）。多扣合钳以扣合管径范围表示，单扣合钳以扣合管径表示。

2：最大扭矩，单位为千牛·米（kN·m）。

例如：Q86～324×75 表示为多扣合钳，扣合范围为 86～324mm（$3^3/_8$～$12^3/_4$in），最大扭矩为 75kN·m。

1.10.2　井口工具

井口工具就是为满足钻井作业在井口操作的专用工具，常用的有吊环、吊卡、卡瓦、安全卡瓦等。

1.10.2.1　吊环

吊环是悬挂在提升系统大钩或顶驱两侧，用来悬挂吊卡的工具。现场常用的有双臂吊环和单臂吊环，参见图 1–60 和图 1–61。

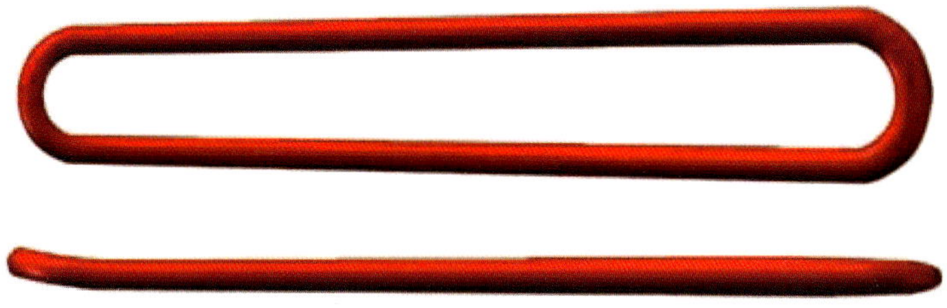

图 1–60　双臂吊环

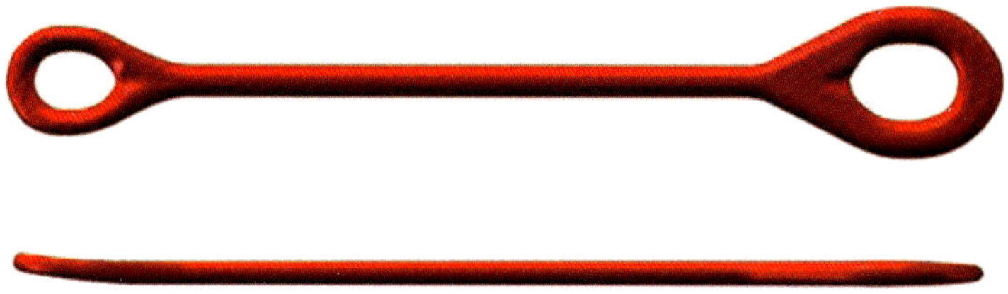

图 1–61　单臂吊环

吊环型号表示方法：1 H– 2

H：吊环代号。

1：吊环种类。

D——单臂吊环；

S——双臂吊环。

2：最大载荷，单位为千牛（kN）。

例如：DH1350 表示最大载荷为 1350kN 的单臂吊环。

吊环基本参数示例见表 1–55。

表 1–55　吊环基本参数

型号	DH900	DH2250	DH4500	SH585	SH900	SH1350
最大载荷，kN	900	2250	4500	585	900	1350
吊环长度，mm	1500	2700	3600	1100	1500	1700
吊环种类	单臂	单臂	单臂	双臂	双臂	双臂

1.10.2.2　吊卡

吊卡悬挂在提升系统大钩两侧的吊环下面，以便从井眼中起出或下入钻具及套管，一般用于有台阶的钻具。根据用途分为钻杆吊卡和套管吊卡，根据结构分为侧开式吊卡和对开式吊卡（俗称牛头吊卡），根据操作方式分为手动吊卡和气/液动吊卡。手动侧开式钻杆吊卡、手动侧开式套管吊卡、手动对开式钻杆吊卡和液动对开式钻杆吊卡分别如图 1–62 至图 1–65 所示。

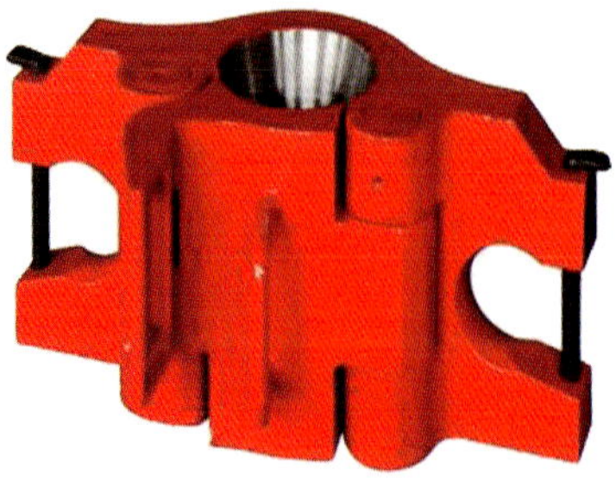

图 1–62　手动侧开式钻杆吊卡

图 1–63　手动侧开式套管吊卡

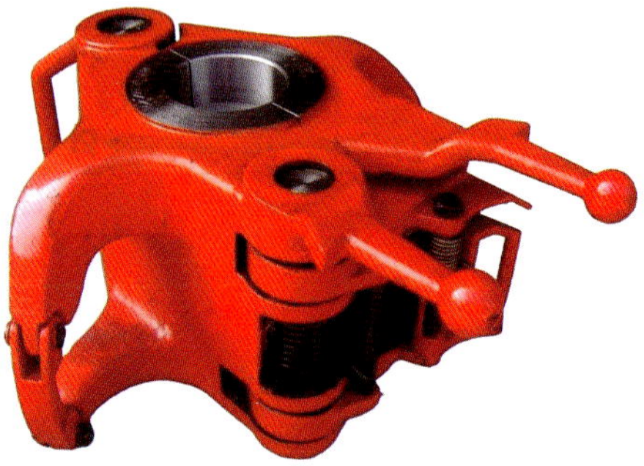

图 1–64　手动对开式钻杆吊卡

图 1–65　液动对开式钻杆吊卡

吊卡的型号表示方法：[1] D [2] [3] / [4]

D：吊卡代号。

[1]：吊卡种类。

C——侧开式吊卡；

D——对开式吊卡；

B——闭锁环式吊卡。

[2]：结构特征代号。

Z——锥形台阶；

省略——平台阶。

[3]：孔径（大小孔为下孔 × 上孔），单位为毫米（mm）。

[4]：最大载荷，单位为千牛（kN）。

例如：CD131 × 134/1350 表示侧开式平台阶吊卡，下孔径 131mm，上孔径 134mm，最大载荷 1350kN。

吊卡基本参数示例参见表 1–56。

表 1–56 吊卡基本参数

公称直径 mm（in）	钻杆加厚型式	钻杆接头焊接部位最大外径 mm	平台阶吊卡孔径		锥形台阶吊卡孔径 mm	吊卡最大载荷系列 kN
			上孔 mm	下孔 mm		
60.3（$2^3/_8$）	EU	65.1	69	63	67	900，1125，1350，2250，3150，4500
73（$2^7/_8$）	EU	81.0	84	76	83	
88.9（$3^1/_2$）	EU	98.4	102	92	101	
114.3（$4^1/_2$）	EU	127.0	131	118	133	
127（5）	IEU	130.2	134	131	133	
139.7（$5^1/_2$）	EU	144.5	149	144	148	

1.10.2.3 卡瓦

卡瓦是在井口悬持钻具的专用工具，内壁有许多钢牙，可以直接卡持钻具的本体，一般用于无台阶的钻具。根据操作方式分为手动卡瓦和自动卡瓦，根据结构分为三片式卡瓦和多片式卡瓦，根据用途分为钻杆卡瓦、钻铤卡瓦、套管卡瓦，参见图 1–66 和图 1–67。

图 1–66 三片式钻杆卡瓦

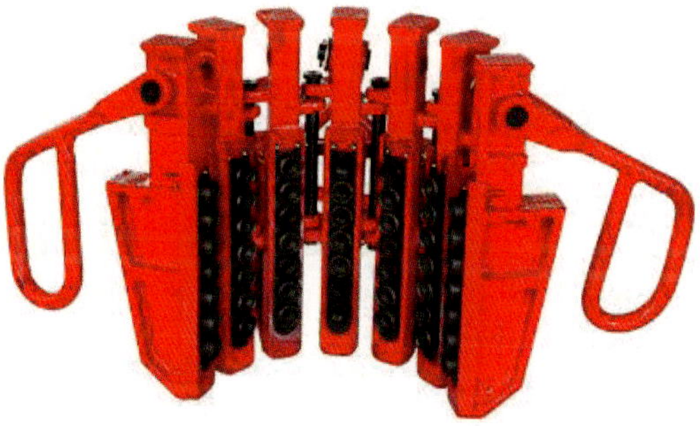

图 1–67 多片式套管卡瓦

卡瓦型号表示方法：[1][2] – [3]

[1]：卡瓦种类。

W——钻杆卡瓦；

WT——钻铤卡瓦；

WG——套管卡瓦；

QD——气动卡瓦。

[2]：卡瓦尺寸代号，单位为英寸（in）。

[3]：最大载荷，单位为千牛（kN）。

例如：WT$4^{1}/_{2}$ ～ 6–360 表示能卡持 $4^{1}/_{2}$ ～ 6in（114.3 ～ 152.4mm）管径、最大载荷为 360kN 的钻铤卡瓦。

钻杆卡瓦、钻铤卡瓦和套管卡瓦基本参数示例见表 1–57 至表 1–59。

表 1–57　钻杆卡瓦基本参数

名义尺寸 mm（in）	配用卡瓦牙尺寸 mm			最大载荷 kN
88.9（$3^{1}/_{2}$）	60.3	73	88.9	675，1125
127（5）	101.6	114.3	127	675，1125，2250
139.7（$5^{1}/_{2}$）	139.7		168.3	1125，2250

表 1–58　钻铤卡瓦基本参数

名义尺寸 mm（in）	最大载荷 kN	名义尺寸 mm（in）	最大载荷 kN
114.3 ～ 152.4（$4^{1}/_{2}$ ～ 6）		203.2 ～ 241.3（8 ～ $9^{1}/_{2}$）	
139.7 ～ 177.8（$5^{1}/_{2}$ ～ 7）	360	215.9 ～ 254.0（$8^{1}/_{2}$ ～ 10）	360
171.4 ～ 209.6（$6^{3}/_{4}$ ～ $11^{1}/_{4}$）		235.0 ～ 285.8（$9^{1}/_{4}$ ～ $11^{1}/_{4}$）	

表 1–59　套管卡瓦基本参数

名义尺寸 mm（in）	最大载荷 kN	名义尺寸 mm（in）	最大载荷 kN
114.3（$4^{1}/_{2}$）		244.5（$9^{5}/_{8}$）	
127.0（5）		273.0（$10^{3}/_{4}$）	1125，2250
139.7（$5^{1}/_{2}$）		298.4（$11^{3}/_{4}$）	
168.3（$6^{5}/_{8}$）	1125，2250	339.7（$13^{3}/_{8}$）	
177.8（7）		406.4（16）	
193.7（$7^{5}/_{8}$）		508.0（20）	1125
219.1（$8^{5}/_{8}$）		660.4（26）	

1.10.2.4　安全卡瓦

在使用无台阶的钻具时，仅使用卡瓦来卡持，钻具有发生下滑的风险，这时配合使用安全卡瓦，可提高卡持的可靠性。安全卡瓦可通过调整牙板套环节数改变卡持管径范围，应用广泛，参见图 1–68。

图 1–68 安全卡瓦

1.10.3 液压站

绞车使用液压盘式刹车或钻台有需要液压为动力的驱动装置（如液气大钳、铁钻工）时，需要配备液压站，参见图 1–69。将液压站与驱动装置（如液气大钳、铁钻工、油缸或液压盘式刹车）用油管相连，液压站可按驱动装置要求的流向、压力和流量供油，实现各种规定的动作。液压站基本参数示例见表 1–60。

图 1–69 液压站

表 1-60　液压站基本参数

项目	计量单位	参数
系统额定工作压力	MPa	7.5
工作介质		L-HM46 抗磨液压油
系统单泵额定流量	L/min	18
油箱容积	L	90
电动机功率	kW	2×2.2
蓄能器容量	L	4×6.3
外形尺寸（长×宽×高）	mm×mm×mm	1220×1160×960
质量	kg	650

1.10.4　动力小绞车

动力小绞车用于辅助吊升重物。根据动力不同可分为气动小绞车、液压小绞车和电动小绞车。现场常用的是气动小绞车，又称气葫芦，参见图 1-70。一般钻台上一般安装 1～2 台，场地猫道安装 1 台，用于吊升、拖拉如钻具等重量相对较轻的重物；二层台一般也安装 1 台，井架工用它来辅助拉拽钻铤立根。动力小绞车基本参数示例见表 1-61。

图 1-70　气动小绞车

表 1-61　动力小绞车基本参数

型号		XJFH-3/35	XJFH-5/35	JQH-5×48
最大拉力，kN		30	50	5
最大绳速，m/min		35	35	24
额定功率，kW		13.2	16	2.6
额定进气压力，MPa		0.8	0.8	0.6
容绳量	单刹，m	150	120	80
	双刹，m	120	100	—
钢丝绳直径，mm		16	19	8
质量，kg		550	550	130

1.10.5　钻杆排放架与猫道

钻杆排放架用于摆放场地上待用及备用的钻具、套管等管材。猫道是钻台正前方场地上的临时工作平台，两侧放置钻杆排放架，为钻具、套管上下钻台提供便利，参见图 1-71。

图 1-71　钻杆排放架与猫道

1.11 生活设施

钻井现场生活设施为钻井工人休息、餐饮、沐浴等提供生活保障和便利，主要包括员工住房、厨房餐厅、生活水处理和供水系统、沐浴洗澡房等。钻井现场生活设施布置如图 1–72 所示。生活设施基本参数示例见表 1–62。

表 1–62 生活设施基本参数

名称	单位	数量	基础设施	配电设施
队长室	栋	1	空调 2 台，1.5kW 电热板 2 台，会议桌 1 套，换气扇 2 台，文件柜 1 个，写字台 1 个，椅子 1 把，双层铁架床 1 套，衣帽架 1 副	防爆灯 2 个，预留有线电视插口 1 个，照明开关 2 个，五孔插座 3 个，三孔插座 4 个，两孔插座 2 个，防爆快速插头 2 套，主线为 $35mm^2$ 电缆线，1.5m 连接线 1 根
员工室	栋	9	空调 2 台，1.5kW 电热板 2 台，四门衣柜 2 套，书架 2 套，小茶桌 2 个，双层铁架床 4 套，换气扇 2 台	防爆灯 2 个，照明开关 2 个，五孔插座 2 个，三孔插座 4 个，两孔插座 2 个，防爆快速插头 2 套，主线为 $35mm^2$ 电缆线，1.5m 连接线 1 根
值班室	栋	1	空调 1 台，1.5kW 电热板 2 台，文件柜 1 套，换气扇 1 台，会议桌 2 套，椅子 2 把	防爆灯 2 个，照明开关 1 个，五孔插座 2 个，三孔插座 3 个，两孔插座 1 个，防爆快速插头 2 套，主线为 $35mm^2$ 电缆线，1.5m 连接线 1 根
厨房	栋	1	油气两用灶台 1 套，排气扇 2 台，案板架 1 个，碗架 1 个，洗菜盆 1 个，蒸饭车 1 台，和面机 1 台，压面机 1 台，空调 1 台，1.5kW 电热板 1 台，换气扇 1 台，消毒柜 1 个，预留打饭口 1 个，装饰板为双面彩钢板	防爆灯 2 个，照明开关 2 个，五孔插座 5 个，三孔插座 2 个，两孔插座 1 个，防爆快速插头 2 套，主线为 $35mm^2$ 电缆线，1.5m 连接线 1 根
洗浴室	栋	1	全自动电热水器 2 台，1.5kW 电热板 2 台，增压泵 1 台，衣帽架 2 副，更衣柜 1 套，更衣凳 1 个，不锈钢淋浴头 4 套，洗面盆 1 套，镜子 1 个，窗户卷帘 1 副，换气扇 2 台，装饰板为双面彩钢板	防爆灯 2 个，照明开关 2 个，五孔插座 2 个，三孔插座 2 个，两孔插座 2 个，防爆快速插头 2 套，主线为 $35mm^2$ 电缆线，1.5m 连接线 1 根
厨师宿舍、储菜室	栋	1	空调 1 台，1.5kW 电热板 1 台，双层铁架床 2 套，换气扇 1 台，小茶桌 1 个，四门衣柜 1 套，书架 1 套，小茶桌 1 个。储菜室配冰柜 2 台，菜架子 1 个，1.5kW 电热板 1 台，换气扇 1 台	防爆灯 2 个，照明开关 2 个，五孔插座 3 个，三孔插座 3 个，两孔插座 2 个，防爆快速插头 2 套，主线为 $35mm^2$ 电缆线，1.5m 连接线 1 根
餐厅	栋	1	空调 1 台，1.5kW 电热板 2 台，换气扇 1 台，电视机 1 台，电热水桶 1 个，四人餐桌 6 套	防爆灯 2 个，预留有线电视插口 1 个，照明开关 1 个，五孔插座 2 个，三孔插座 3 个，两孔插座 1 个，防爆快速插头 2 套，主线为 $35mm^2$ 电缆线，1.5m 连接线 1 根
会议室、医疗室	栋	1	空调 2 台，1.5kW 电热板 2 台，换气扇 1 台，会议桌 1 套，椅子 1 把，文件柜 2 个，写字台 1 个，单人床 1 套	防爆灯 2 个，预留有线电视插口 1 个，照明开关 2 个，五孔插座 3 个，三孔插座 4 个，两孔插座 2 个，防爆快速插头 2 套，主线为 $35mm^2$ 电缆线，1.5m 连接线 1 根
厕所	间	2	—	—
生活水罐	个	1	水泵 1 台	—

图 1–72　钻井现场生活设施

1.12　钻具

钻井用的下井工具，统称为钻具，常用的钻具包括方钻杆、钻杆、加重钻杆、钻铤、稳定器、动力钻具、转换接头等。

1.12.1　方钻杆

在转盘钻井的钻进时，方钻杆与方补心、转盘补心配合，将地面转盘扭矩传递给钻杆，以带动钻头旋转，并承受钻柱悬重重量。方钻杆根据棱边数量分为四方方钻杆和六方方钻杆，参见图 1–73。方钻杆基本参数示例见表 1–63。

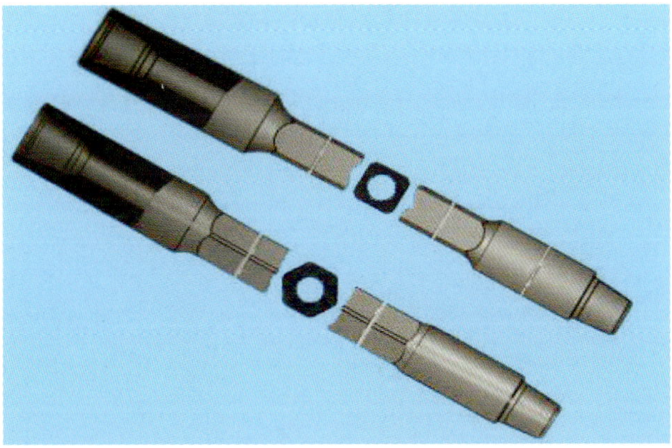

图 1–73　方钻杆

表 1–63　方钻杆基本参数

方钻杆类型	规格 mm（in）	驱动部分长，mm		全长，mm		驱动部分，mm		内径 mm	螺纹类型	
		标准	选用	标准	选用	对边宽	对角宽		上端内螺纹	下端外螺纹
四方方钻杆	76.2（3）	11280	—	12190	—	76.2	100.0	44.5	$6^{5}/_{8}$REG LH	NC31（$2^{7}/_{8}$IF）
	88.9（$3^{1}/_{2}$）	11280	—	12190	—	88.9	115.1	57.2	$6^{5}/_{8}$REG LH	NC38（$3^{1}/_{2}$IF）
	108.0（$4^{1}/_{4}$）	11280	13540	12190	14460	108.0	141.3	82.6	$6^{5}/_{8}$REG LH	NC50（$4^{1}/_{2}$IF）
	133.4（$5^{1}/_{4}$）	11280	13540	12190	14460	133.4	175.4	82.6	$6^{5}/_{8}$REG LH	$5^{1}/_{2}$FH
六方方钻杆	108.0（$4^{1}/_{4}$）	11280	15540	12190	16460	108.0	122.2	57.2	$6^{5}/_{8}$REG LH	NC38（$3^{1}/_{2}$IF）
	133.4（$5^{1}/_{4}$）	11280	15540	12190	16460	133.4	151.6	71.4	$6^{5}/_{8}$REG LH	NC50（$4^{1}/_{2}$IF）

1.12.2　钻杆

钻杆参见图 1–74。钻杆是钻柱的主要组成部分，通过钻杆两端的螺纹连接，达到不断加深井深的目的，同时传递扭矩给井底钻头，并负责传输钻井液到钻头。API（美国石油学会）规定的钻杆钢级有 4 种，分别为：E–75、X–95、G–105、S–135，钻井常用的为 G–105 和 S–135 级钻杆。钻杆基本参数示例见表 1–64。

图 1–74　钻杆

表 1–64　钻杆基本参数

公称尺寸 mm（in）	139.7（$5^{1}/_{2}$）	127.0（5）	114.3（$4^{1}/_{2}$）	101.6（4）	88.9（$3^{1}/_{2}$）	73.0（$2^{7}/_{8}$）	60.3（$2^{3}/_{8}$）
公称质量，kg/m	38.48	32.87	29.84	23.39	22.25	16.67	10.54
本体外径，mm	139.7	127	114.3	101.6	88.9	73.025	60.3
钢级	S–135	S–135	S–135	S–135	S–135	S–135	S–135
壁厚，mm	9.17	9.19	10.92	9.65	9.35	9.19	7.11
加厚形式	IEU	IEU	IEU	IU	EU	EU	EU

续表

公称尺寸 mm（in）	139.7 （$5^{1}/_{2}$）	127.0 （5）	114.3 （$4^{1}/_{2}$）	101.6 （4）	88.9 （$3^{1}/_{2}$）	73.0 （$2^{7}/_{8}$）	60.3 （$2^{3}/_{8}$）
本体内径，mm	121.4	108.6	92.5	82.3	70.2	54.6	46.1
内容积，L/m	11.35	9.16	6.56	5.20	3.87	2.36	1.68
闭排，L/m	15.82	14.31	10.86	8.16	6.82	4.83	2.75
开排，L/m	5.33	4.43	5.09	3.40	4.26	2.24	1.72

注：（1）加厚形式有 3 种：内加厚（IU）、外加厚（EU）、内外加厚（IEU）。

（2）闭排与开排均指钻具所排代的等量钻井液体积；闭排指钻具中安装止回阀时，钻具管体体积与钻具内水眼的体积之和；开排指钻具中未安装止回阀时，钻具管体的体积。

1.12.3 加重钻杆

加重钻杆参见图 1–75。加重钻杆带有加长的接头，在钻杆中部有耐磨带。耐磨带能起到稳定器的作用，提高加重钻杆在钻柱中的刚度，减小井斜。加重钻杆基本参数示例见表 1–65。

图 1–75 加重钻杆

表 1–65 加重钻杆基本参数

规格 mm（in）	长度 mm	管体外径 mm	管体内径 mm（in）	内外螺纹接头			管体		闭排 L/m	开排 L/m
				螺纹类型	外径 mm（in）	台肩倒角处直径 mm	加厚部分尺寸 中部 mm	加厚部分尺寸 端部 mm		
139.7 （$5^{1}/_{2}$）	9450	139.7	92.1 （$3^{5}/_{8}$）	$5^{1}/_{2}$FH	177.8 （7） 184.2 （$7^{1}/_{4}$）	170.7	152.4	144.5	16.81	11.56
127.0 （5）	9450	127.0	76.2 （3）	NC50 （$4^{1}/_{2}$IF）	168.3 （$6^{5}/_{8}$）	154.0	139.7	130.2	14.31	9.42
114.3 （$4^{1}/_{2}$）	9450	114.3	71.4 （$2^{13}/_{16}$）	NC46 （4IF）	158.8 （$6^{1}/_{4}$）	145.3	127.0	117.5	11.14	7.42
88.9 （$3^{1}/_{2}$）	9450	88.9	52.4 （$2^{1}/_{16}$）	NC38	127.0 （5）	116.3	101.6	92.1	7.15	4.65

1.12.4 钻铤

钻铤连接在钻柱的最下部，是下部钻具组合（BHA）的主要组成部分。其主要特点是壁厚，一般相当于钻杆壁厚的 4 ～ 6 倍，具有较大的重力和刚度。根据外形分为普通钻铤和螺旋钻铤，分别参见图 1–76 和图 1–77。在进行定向钻井时，为减少钻具磁性对测量仪器准确性的影响，还会使用特殊材质的钻铤，称为无磁钻铤，参见图 1–78。钻铤基本参数示例见表 1–66。

图 1–76　普通钻铤

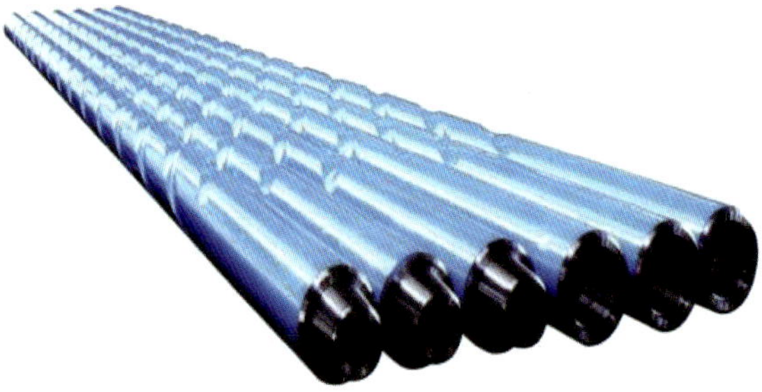

图 1–77　螺旋钻铤

图 1–78　无磁钻铤

表 1–66　钻铤基本参数

外径 mm（in）	内径 mm	倒角处 直径 mm	长度 m	质量 kg/m	弯曲强度比	螺纹 类型	闭排 L/m	开排 L/m
79.4（$3^{1}/_{8}$）	31.8	76.2	9.1	32.7	2.57：1	NC23	3.98	3.29
88.9（$3^{1}/_{2}$）	38.1	82.9	9.1	45.0	2.42：1	NC26	6.06	4.64
104.8（$4^{1}/_{8}$）	50.8	100.4	9.1	51.6	2.43：1	NC31	8.62	6.60
120.7（$4^{3}/_{4}$）	50.8	114.7	9.1	69.7	2.58：1	NC35	10.62	7.08
127.0（5）	57.2	121.0	9.1	79.3	2.38：1	NC38	12.66	10.09
158.8（$6^{1}/_{4}$）	71.4	150.0	9.1 或 9.4	123.6	2.63：1	NC46	17.72	13.66
177.8（7）	71.4	164.7	9.1 或 9.4	163.2	2.73：1	NC50	22.71	18.51
203.2（8）	71.4	190.1	9.1 或 9.4	222.7	3.02：1	NC56	30.77	26.49
228.6（9）	71.4	212.7	9.1 或 9.4	290.2	3.17：1	NC61	39.04	34.40
279.4（11）	76.2	268.0	9.1 或 9.4	445.0	2.78：1	NC77	56.93	51.78

1.12.5　稳定器

稳定器也称扶正器，参见图 1–79。在下部钻具组合（BHA）中安装一定数量的稳定器，使钻杆柱在井筒内高速旋转时，能保持细长钻杆柱的平稳运转，使钻头轴线尽可能接近所钻井眼中心线。在下部钻具组合中不同位置安装不同数量的稳定器可以组合成防斜、造斜、增斜、降斜、稳斜等不同类型的钻具组合，起到控制井眼轨迹的作用。稳定器基本参数示例见表 1–67。

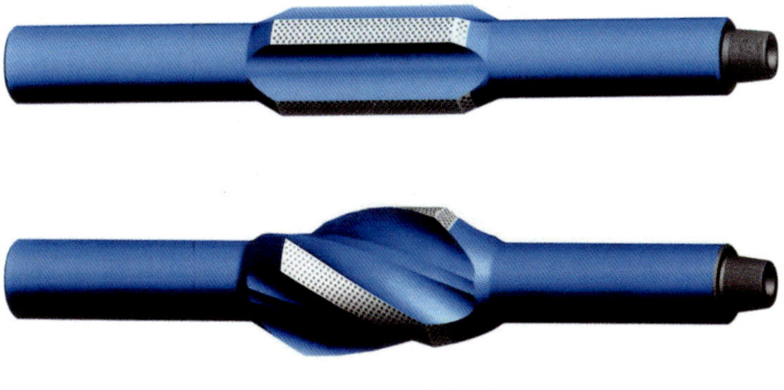

图 1–79　稳定器

表 1-67 稳定器基本参数

规格 mm（in）	工作外径 mm	两端本体外径 mm	内径 mm	有效稳定长度 mm	井底型长度 mm	钻柱型长度 mm	井底型接头螺纹		钻柱型接头螺纹	
							上端	下端	上端	下端
215.9（$8^1/_2$）	214	159	71.4	500	1550	1750	NC46	$4^1/_2$REG	NC46	NC46
241.3（$9^1/_2$）（钻柱型）	239	178	71.4	400	—	1650	—	—	NC50	NC50
241.3（$9^1/_2$）（井底型）	239	203	71.4	400	1450	—	NC50	$6^5/_8$REG	—	—
311.1（$12^1/_4$）	309	203	71.4	500	1750	1950	NC56	$6^5/_8$REG	NC56	NC56
	309	229	71.4	500	1750	1950	NC61	$6^5/_8$REG	NC61	NC61
333.4（$13^1/_8$）	331	229	71.4	600	1950	2150	NC61	$6^5/_8$REG	NC61	NC61
406.4（16）	405	229	71.4	600	1950	2050	NC61	$7^5/_8$REG	NC61	NC61
444.5（$17^1/_2$）	443	229	71.4	600	1950	2050	NC61	$7^5/_8$REG	NC61	NC61
660.4（26）	658	229	71.4	700	1950	2100	NC61	$7^5/_8$REG	NC61	NC61

1.12.6 动力钻具

如图 1-80 所示，动力钻具是一种以钻井液为动力，把液体压力转化为钻井破岩动力的井底钻具，通常分为涡轮钻具和螺杆钻具。与转盘钻井相比，井下动力钻具具有高转速的特点，特别是与金刚石钻头配合使用，可以显著提高机械钻速，增加单只钻头进尺，减少每米进尺钻井成本，同时实现井身轨迹的定向控制以及确保井身质量和钻井安全性，具有极大的优越性。动力钻具基本参数示例见表 1-68。

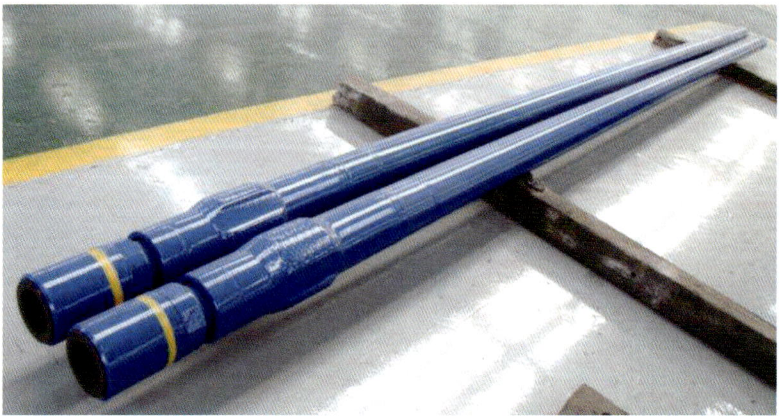

图 1-80 动力钻具

表 1-68 动力钻具基本参数

型号	7LZ159 × 7Y-I	4LZ197 × 7Y	7LZ203 × 7Y
公称外径，mm（in）	159（$6^1/_4$）	197（$7^3/_4$）	203（8）
头数	7：8	4：5	7：8
级数	2.9	6.0	5.0
标准长度，m	9.57	9.52	10.08
质量，kg	920	1610	2177
钻头尺寸 mm（in）	213 ～ 251 （$8^3/_8$ ～ $9^7/_8$）	241 ～ 311 （$9^1/_2$ ～ $12^1/_4$）	251 ～ 311 （$9^7/_8$ ～ $12^1/_4$）
上端螺纹（API-REG） mm（in）	114.3（$4^1/_2$）	139.7（$5^1/_2$）	168.3（$6^5/_8$）
下端螺纹（API-REG） mm（in）	114.3（$4^1/_2$）	168.3（$6^5/_8$）	168.3（$6^5/_8$）
流量，L/s	13 ～ 32	19 ～ 38	24 ～ 48
钻头速度，r/min	35 ～ 87	95 ～ 192	76 ～ 152
工作压降，MPa	2.3	4.8	4.0
输出扭矩，N · m	8027	9015	12009
功率，kW	71	182	189
推荐钻压，kN	147	130	152
最大钻压，kN	196	200	294

1.12.7 转换接头

转换接头也称配合接头，参见图 1-81。在钻井过程中，要组合成钻柱，就需要将方钻杆、钻杆、钻铤、钻头等连接起来，但这些钻具可能是不同尺寸、不同螺纹类型（扣型），因此就需要配合接头将它们连接起来，组合成所需钻柱。转换接头常用螺纹基本参数示例见表 1-69。

图 1-81 转换接头

表 1-69　转换接头常用螺纹基本参数

序号	螺纹类型	螺纹代号	螺纹规范	
			牙 /in	锥度
1	NC23	—	4	1 ∶ 6
2	NC26（$2^3/_8$IF）	2A10	4	1 ∶ 6
3	NC31（$2^7/_8$IF）	210	4	1 ∶ 6
4	NC35	—	4	1 ∶ 6
5	NC38（$3^1/_2$IF）	310	4	1 ∶ 6
6	NC40（4FH）	4A20	4	1 ∶ 6
7	NC44	—	4	1 ∶ 6
8	NC46（4IF）	4A10	4	1 ∶ 6
9	NC50（$4^1/_2$IF）	410	4	1 ∶ 6
10	NC56	—	4	1 ∶ 4
11	NC61	—	4	1 ∶ 4
12	NC70	—	4	1 ∶ 4
13	NC77	—	4	1 ∶ 4
14	$2^3/_8$REG	2A30	5	1 ∶ 4
15	$2^7/_8$REG	230	5	1 ∶ 4
16	$3^1/_2$REG	330	5	1 ∶ 4
17	$4^1/_2$REG	430	5	1 ∶ 4
18	$5^1/_2$REG	530	4	1 ∶ 4
19	$6^5/_8$REG	630	4	1 ∶ 6
20	$7^5/_8$REG	730	4	1 ∶ 4
21	$8^5/_8$REG	830	4	1 ∶ 4
22	$3^1/_2$FH	320	5	1 ∶ 4
23	$4^1/_2$FH	420	5	1 ∶ 4
24	$5^1/_2$FH	520	4	1 ∶ 6
25	$6^5/_8$FH	620	4	1 ∶ 6

1.13 钻头

钻头是石油钻井的重要工具，用于破碎地下岩石形成井眼，其工作性能的好坏将直接影响钻井质量、钻井效率和钻井成本。按类型分为刮刀钻头、牙轮钻头、金刚石钻头；进行取心作业时，还会使用取心钻头。石油行业常用钻头和套管尺寸配合系列参见图 1–82。

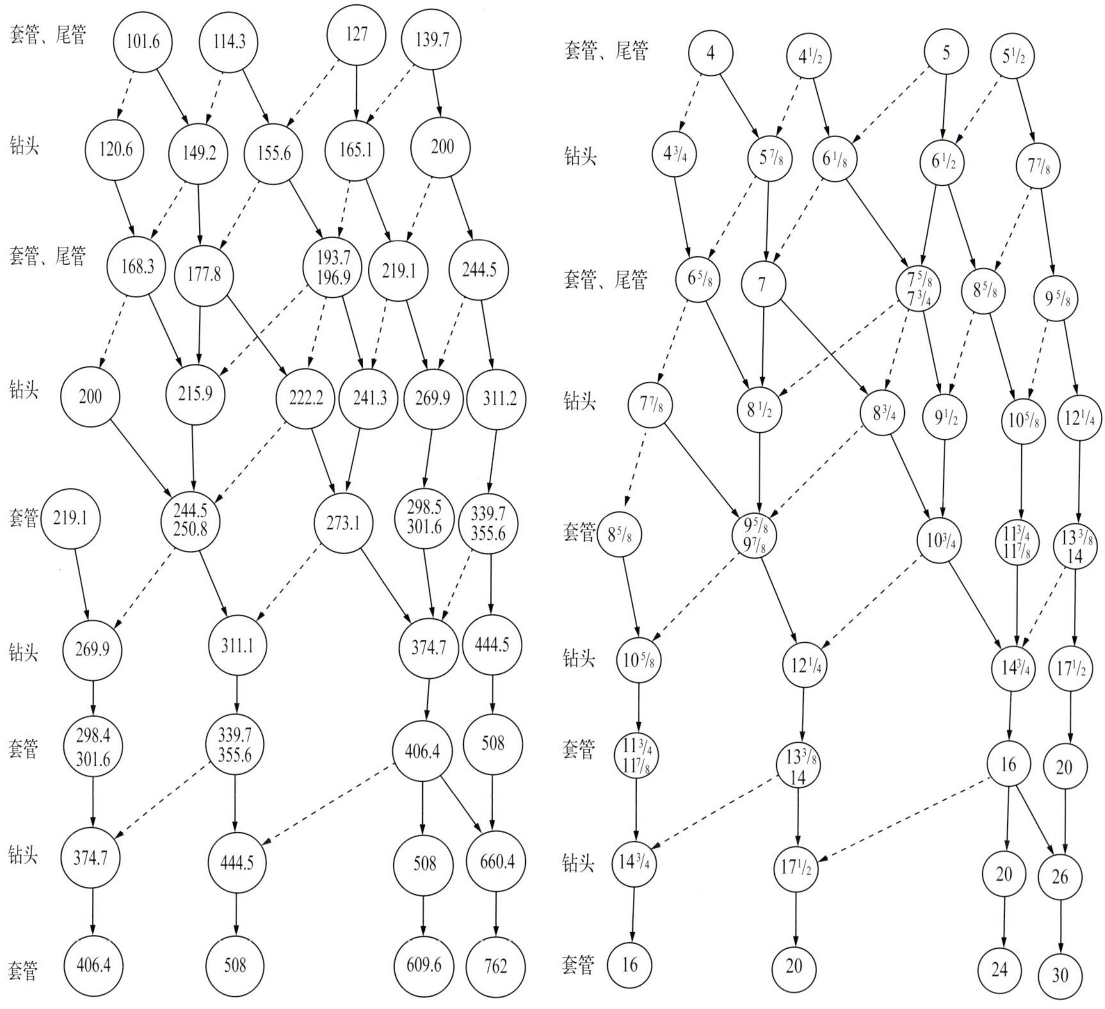

(a) 单位为毫米 (mm)　　(b) 单位为英寸 (in)

图 1–82　钻头和套管尺寸配合系列

1.13.1 刮刀钻头

刮刀钻头参见图 1–83。刮刀钻头是旋转钻井使用最早的一种钻头，主要用在上部软地层，具有很高的机械钻速，但井眼质量控制不好。目前钻井作业已经较少使用。

图 1–83　刮刀钻头

1.13.2　牙轮钻头

牙轮钻头按牙轮数量分为单牙轮钻头、双牙轮钻头、三牙轮钻头和四牙轮钻头。按切削齿材质分为铣齿（钢齿）和镶齿牙轮钻头。牙轮钻头是目前旋转钻井作业中使用最普遍的钻头，种类很多，适用范围广泛，从松软地层到坚硬地层均有相适应的钻头类型供选择。现场常用的单牙轮钻头和三牙轮钻头如图 1–84 和图 1–85 所示。

图 1–84　单牙轮钻头

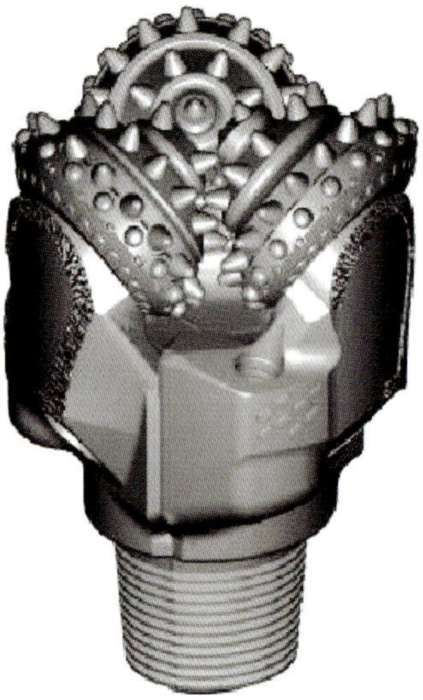

图 1–85　三牙轮钻头

IADC（国际钻井承包商协会）按照地层硬度顺序制定了牙轮钻头的统一分类标准，各厂家生产的钻头虽然有自己的代号，但都采用该分类标准和编号。

IADC 规定牙轮钻头编码：1234

1：系列代号，用数字 1 ～ 8 分别表示 8 个系列；1 ～ 3 为铣齿钻头，4 ～ 8 为镶齿钻头，同时表示所适用的地层。

1——铣齿钻头，适用于低抗压强度、高可钻性的软地层；

2——铣齿钻头，适用于高抗压强度的中到中硬地层；

3——铣齿钻头，适用于中等研磨性或研磨性的硬地层；

4——镶齿钻头，适用于低抗压强度、高可钻性的软地层；

5——镶齿钻头，适用于低抗压强度的软到中地层；

6——镶齿钻头，适用于高抗压强度的中硬地层；

7——镶齿钻头，适用于中等研磨性或研磨性的硬地层；

8——镶齿钻头，适用于高研磨性的极硬地层。

2：岩性级别代号，用数字 1 ～ 4 分别表示钻头所适用的地层从软到硬的 4 个等级，即将1中所示的 8 个系列，又各细分为 4 个等级。

3：钻头结构特征代号，用数字 1 ～ 9 表示，其中 1 ～ 7 表示钻头轴承及保径特征，8 表示定向钻头，9 留待未来的新结构特征钻头用。

1——非密封滚动轴承；

2——空气冷却滚动轴承；

3——滚动轴承保径；

4——密封滚动轴承；

5——密封滚动轴承保径；

6——密封滑动轴承；

7——密封滑动轴承保径。

4：钻头附加结构特征代号，用以表示前面 3 位数字无法表达的特征，用英文字母表示。

A——空气冷却；

B——特殊轴承密封；

C——中心喷嘴；

D——定向钻井；

E——加长喷嘴；

G——附加保径；

H——水平 / 导向应用；

J——喷嘴偏射；

L——爪背扶正块；

M——马达钻井应用；

R——加强焊缝（用于顿钻）；

S——标准铣齿；

T——双牙轮钻头；

W——切削结构强化；

X——楔形镶齿；

Y——圆锥形镶齿；

Z——其他形状镶齿。

例如：江汉石油钻头股份有限公司生产的牙轮钻头型号“$8^1/_2$HJ517GL”，其中$8^1/_2$表示牙轮钻头外径为215.9mm（$8^1/_2$in）；HJ为该厂钻头系列的代号；517指钻头分类号，表示该镶齿钻头适用于低抗压强度的软地层、密封滑动轴承保径；GL是钻头附加特征代号，G表示附加保径，L表示爪背扶正块。牙轮钻头连接螺纹和上扣扭矩参见表1–70。

表1–70　牙轮钻头连接螺纹和上扣扭矩

钻头尺寸 mm（in）	连接螺纹扣型	上扣扭矩 kN · m
95.3 ～ 108.0（$3^3/_4$ ～ $4^1/_4$）	$2^3/_8$REG	4.1 ～ 4.7
117.5 ～ 127.0（$4^5/_8$ ～ 5）	$2^7/_8$REG	6.1 ～ 7.5
130.2 ～ 187.3（$5^1/_8$ ～ $7^3/_8$）	$3^1/_2$REG	9.5 ～ 12.2
193.7 ～ 228.6（$7^5/_8$ ～ 9）	$4^1/_2$REG	16.3 ～ 21.7
241.3 ～ 368.3（$9^1/_2$ ～ $14^1/_2$）	$6^5/_8$REG	38.0 ～ 43.4
＞368.3（＞$14^1/_2$）	$7^5/_8$REG	46.1 ～ 54.2

1.13.3　金刚石钻头

用金刚石材料作为切削刃的钻头统称为金刚石钻头。根据切削刃制造材料不同，金刚石钻头分为聚晶金刚石复合片钻头（简称PDC钻头）、热稳定性聚晶金刚石钻头（简称TSP钻头）和天然金刚石钻头（简称ND钻头），参见图1–86和图1–87。金刚石钻头以其机械钻速快、寿命长、进尺多等优势，在石油钻井中得到了广泛应用。

图 1-86 PDC 钻头

图 1-87 ND 钻头

IADC 规定金刚石钻头编码：[1][2][3][4]

[1]：钻头体。

M——胎体；

S——钢体；

D——金刚石。

[2]：适用地层，用数字 1 ～ 8 分别表示钻头所适用的地层从极软到极硬的 8 个等级。1 ～ 4 表示 PDC 钻头所适用地层；6 ～ 7 表示 ND 钻头和 TSP 钻头所适用地层；5 为 IADC 保留编码，将来使用。

1——极软；

2——软；

3——软到中；

4——中；

5——（无此编码）；

6——中硬；

7——硬；

8——极硬。

[3]：切削结构。

在适用地层为 1 ～ 4 时：

2——切削结构为 PDC，直径为 19mm；

3——切削结构为 PDC，直径为 13mm；

4——切削结构为 PDC，直径为 8mm。

在适用地层为 6 ～ 7 时：

1——切削结构为 ND；

2——切削结构为 TSP；

3——切削结构为混合布置。

在适用地层为 8 时：

1——切削结构为 ND；

4——切削结构为孕镶金刚石。

4：钻头冠部结构。

1——短鱼尾；

2——短冠尾；

3——中冠尾；

4——长冠尾。

例如：标准的钻头编码“S231”，其中 S 表示钻头体为钢体式，适用于软地层，切削齿直径为 13mm，钻头冠部形状为短鱼尾形的 PDC 钻头。国内钻头制造厂家一般都有自己的钻头命名代码，为便于钻头选型，钻头厂家将其钻头分类代码与相应的 IADC 牙轮钻头的代码一并列出。

金刚石钻头连接螺纹和上扣扭矩参见表 1–71。

表 1–71　金刚石钻头连接螺纹和上扣扭矩

钻头尺寸 mm（in）	连接螺纹扣型	上扣扭矩 kN · m
95.3 ～ 108.0（$3^3/_4$ ～ $4^1/_4$）	$2^3/_8$REG	4.1 ～ 4.7
117.5 ～ 127.0（$4^5/_8$ ～ 5）	$2^7/_8$REG	6.1 ～ 7.5
130.2 ～ 187.3（$5^1/_8$ ～ $7^3/_8$）	$3^1/_2$REG	9.5 ～ 12.2
193.7 ～ 228.6（$7^5/_8$ ～ 9）	$4^{1/}{}_2$REG	16.3 ～ 21.7
241.3 ～ 368.3（$9^1/_2$ ～ $14^1/_2$）	$6^5/_8$REG	38.0 ～ 43.4
＞ 368.3（＞ $14^1/_2$）	$7^5/_8$REG	46.1 ～ 54.2

1.13.4　取心钻头

取心钻头是以环状破碎井底岩石，在中心部位形成岩心柱的工具，参见图 1–88。为了掌握地下地质情况，在钻井过程中用取心工具和取心钻头直接从地下取出柱状岩心，从而获得真实可靠的地下岩层的相关资料。

图 1-88　取心钻头

取心钻头编码：1234

1：钻头体材料。

M——胎体；

S——钢体。

2：切削齿密度代号，1 ～ 4 表示 PDC 钻头切削齿密度代号（当量齿数）；6 ～ 8 表示 ND 钻头和 TSP 钻头切削齿密度代号（齿的粒度），5 为 IADC 保留编码，将来使用。

1——稀（≤ 30）；

2——中（30 ～ 40）；

3——密（40 ～ 50）；

4——高密（> 50）；

6——稀（< 3 粒 / 克拉）；

7——中（3 ～ 7 粒 / 克拉）；

8——密（> 7 粒 / 克拉）。

3：切削齿直径代号或分类代号。

在切削齿密度代号为 1 ～ 4 时：

1——PDC 齿直径尺寸大于 24mm；

2——PDC 齿直径尺寸为 14 ～ 24mm；

3——PDC 齿直径尺寸小于 14mm。

在切削齿密度代号为 6 ～ 7 时：

1——切削齿类别为 ND；

2——切削齿类别为 TSP；

3——切削齿类别为混合齿。

在切削齿密度代号为 8 时：

1——切削齿类别为 ND；

2——切削齿类别为 TSP；

3——切削齿类别为混合齿；

4——切削齿类别为孕镶金刚石。

4：钻头冠部轮廓高度代号。

1——扁平式；

2——短（＜ 58mm）；

3——中（58 ～ 114mm）；

4——长（＞ 114mm）。

例如：取心钻头 215.9×105SC226/M723，其中钻头直径代号为 215.9×105，表示取心钻头外径为 215.9mm，内径为 105mm；取心钻头的分类号为 M723，表示钻头体材料为胎体式、切削齿密度 3 ～ 7 粒 / 克拉、切削齿类别为 TSP、钻头冠部轮廓高度为中等；上述钻头在某厂的型号为 SC226。不同厂家有自己的厂家命名。

1.14 套管及附件

1.14.1 套管

套管是用于油气井固井的石油专用钢管，由本体和接箍组成，参见图 1–89。套管本体采用无缝钢管、高频电阻焊管、直缝电焊管制造，套管接箍用无缝钢管制造。根据油气藏类型和油气层的特性，有时会在油气层部位下入预先打孔或割缝的筛管，按加工工艺分为普通筛管、绕丝筛管、割缝筛管、预充填筛管、金属网筛管等，参见图 1–90 和图 1–91。钻井现场常用的套管尺寸与钻头尺寸配合情况见表 1–72。

表 1–72 套管尺寸与钻头尺寸配合情况

套管尺寸				钻头尺寸 mm（in）	钻头与套管之间的间隙值 mm
外径 mm（in）	壁厚 mm	名义内径 mm	最小通径 mm		
127.0（5）	10.72	105.6	102.4	98.4（$3^7/_8$）	7.2
	9.19	108.6	105.4	104.8（$4^1/_8$）	3.8
	7.52	112.0	108.8	108.0（$4^1/_4$）	4.1
	6.43	114.1	111.0	108.0（$4^1/_4$）	6.2
	5.59	115.8	112.6	108.0（$4^1/_4$）	7.9

续表

套管尺寸				钻头尺寸 mm（in）	钻头与套管之间的间隙值 mm
外径 mm（in）	壁厚 mm	名义内径 mm	最小通径 mm		
139.7（$5^{1}/_{2}$）	10.54	118.6	115.4	114.3（$4^{1}/_{2}$）	4.3
	9.17	121.4	118.2	117.5（$4^{5}/_{8}$）	3.9
	7.72	124.3	121.1	120.6（$4^{3}/_{4}$）	3.7
	6.98	125.7	122.6	120.6（$4^{3}/_{4}$）	5.1
	6.20	127.3	124.1	123.8（$4^{7}/_{8}$）	3.5
168.3（$6^{5}/_{8}$）	12.06	144.1	141.0	123.8（$4^{7}/_{8}$）	20.3
	10.59	147.1	143.9	142.9（$5^{5}/_{8}$）	4.2
	8.94	150.4	147.2	146.0（$5^{3}/_{4}$）	4.4
	7.32	153.7	150.5	149.2（$5^{7}/_{8}$）	4.5
177.8（7）	16.25	145.3	142.1	123.8（$4^{7}/_{8}$）	21.5
	14.98	147.8	144.7	142.9（$5^{5}/_{8}$）	4.9
	13.72	150.4	147.2	146.0（$5^{3}/_{4}$）	4.4
	12.65	152.5	149.3	149.2（$5^{7}/_{8}$）	3.3
	11.51	154.8	151.6	149.2（$5^{7}/_{8}$）	5.6
	10.36	157.1	153.9	152.4（6）	4.7
	9.19	159.4	156.2	155.6（$6^{1}/_{8}$）	3.8
	8.05	161.7	158.5	155.6（$6^{1}/_{8}$）	6.1
	6.91	164.0	160.0	158.7（$6^{1}/_{4}$）	5.3
	5.87	166.1	162.9	158.7（$6^{1}/_{4}$）	7.4
193.7（$7^{5}/_{8}$）	12.70	168.3	165.1	158.7（$6^{1}/_{4}$）	9.6
	10.92	171.9	168.7	168.3（$6^{5}/_{8}$）	3.6
	9.52	174.7	171.4	168.3（$6^{5}/_{8}$）	6.4
	8.33	177.0	173.8	171.4（$6^{3}/_{4}$）	5.6
	7.62	178.5	175.3	171.4（$6^{3}/_{4}$）	7.1
219.1（$8^{5}/_{8}$）	14.15	190.8	187.6	187.3（$7^{3}/_{8}$）	3.5
	12.70	193.7	190.5	187.3（$7^{3}/_{8}$）	6.4
	11.43	196.2	193.0	187.3（$7^{3}/_{8}$）	8.9
	10.16	198.8	195.6	193.7（$7^{5}/_{8}$）	5.1
	8.94	201.2	198.6	193.7（$7^{5}/_{8}$）	7.5
	7.72	203.7	200.5	200.0（$7^{7}/_{8}$）	3.7
	6.71	205.7	202.5	200.0（$7^{7}/_{8}$）	5.7
244.5（$9^{5}/_{8}$）	19.05	206.4	202.4	200.0（$7^{7}/_{8}$）	6.4
	15.87	212.7	208.8	200.0（$7^{7}/_{8}$）	12.7
	15.11	214.3	210.3	200.0（$7^{7}/_{8}$）	14.3
	13.84	216.8	212.8	212.7（$8^{3}/_{8}$）	4.1
	11.99	220.5	216.5	215.9（$8^{1}/_{2}$）	4.6
	11.05	222.7	218.4	215.9（$8^{1}/_{2}$）	6.8
	10.03	224.4	220.4	219.1（$8^{5}/_{8}$）	5.3
	8.94	226.6	222.6	222.2（$8^{3}/_{4}$）	4.4
	7.92	228.7	224.7	222.2（$8^{3}/_{4}$）	6.5
273.1（$10^{3}/_{4}$）	15.51	242.8	238.9	228.6（9）	14.2
	13.84	245.4	241.4	228.6（9）	16.8
	12.57	247.9	243.9	228.6（9）	19.3
	11.43	250.1	246.2	244.5（$9^{5}/_{8}$）	5.6
	10.16	252.7	248.8	244.5（$9^{5}/_{8}$）	8.2
	8.89	255.2	251.3	250.8（$9^{7}/_{8}$）	4.4
	7.09	258.8	254.9	250.8（$9^{7}/_{8}$）	8.0

续表

套管尺寸				钻头尺寸 mm（in）	钻头与套管之间的间隙值 mm
外径 mm（in）	壁厚 mm	名义内径 mm	最小通径 mm		
298.4（$11^3/_4$）	12.42 11.05 9.52 8.46	273.6 276.3 279.4 281.5	269.6 272.4 275.4 277.6	250.8（$9^7/_8$） 269.9（$10^5/_8$） 269.9（$10^5/_8$） 269.9（$10^5/_8$）	22.8 6.4 9.5 11.6
339.7（$13^3/_8$）	13.06 12.19 10.92 9.65 8.38	313.6 315.3 317.9 320.4 322.9	309.7 311.4 313.9 316.5 319.0	304.8（12） 311.1（$12^1/_4$） 311.1（$12^1/_4$） 311.1（$12^1/_4$） 311.1（$12^1/_4$）	8.8 4.2 6.8 9.3 11.8
406.4（16）	12.57 11.57 9.52	381.3 384.1 387.4	376.5 379.4 382.6	374.6（$14^3/_4$） 374.6（$14^3/_4$） 381.0（15）	6.7 9.5 6.4
473.1（$18^5/_8$）	11.05	451.0	446.2	445.5（$17^1/_2$）	5.5
508.0（20）	16.13 12.70 11.13	475.7 482.6 485.9	470.9 477.8 481.0	469.9（$18^1/_2$） 469.9（$18^1/_2$） 469.9（$18^1/_2$）	5.8 12.7 16.0

图 1-89　套管

图 1-90　普通筛管

图 1-91 割缝筛管

1.14.2 套管附件

套管附件是套管柱的辅助构件，主要包括引鞋、套管鞋、旋流短节、承托环、回压阀、浮鞋、浮箍、扶正器、刮泥器、水泥伞等。其主要作用是辅助套管柱安全下入井中并居中和提高固井质量。

1.14.2.1 引鞋

引鞋是装在套管鞋下部带循环孔的圆锥状短节，一般分为铸铁引鞋、铝合金引鞋、钢制引鞋、水泥引鞋、木引鞋和用套管本体割制的引鞋等。其作用是引导套管顺利下井。

1.14.2.2 套管鞋

套管鞋是接在套管柱底端、带有内倒角的套管接箍。其作用是在起钻时借助套管鞋的内斜面引导钻具进入套管中心，以免钻杆接头台肩及钻头刮套管底端。

1.14.2.3 回压阀

回压阀是装在套管柱下部指定位置的接箍内、限制管外流体流向管内的一个阀件。其作用是下套管过程中防止井眼内的钻井液进入套管，以减轻套管重量；注水泥后，可以防止水泥浆回注。回压阀带承托环时，可承托胶塞。

1.14.2.4 浮鞋

浮鞋是将引鞋、套管鞋、回压阀制成一体的一种套管附件，参见图 1-92。从结构上分尼龙球式浮鞋和球面钢阀式浮鞋。浮鞋和浮箍常配套使用，是在固井作业中普遍采用的附件。

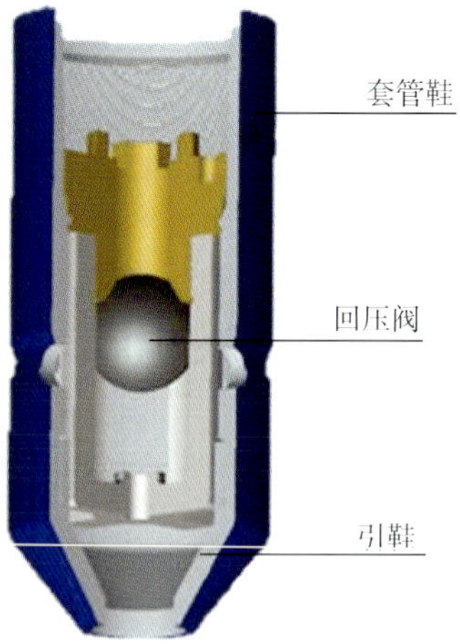

图 1–92　浮鞋

1.14.2.5　承托环

承托环是一种装在套管下部预定的套管接箍内的套管附件，是一种用钢板或铸铁等车有螺纹的特殊圆板，也叫阻流板。其作用是承托固井胶塞、提供碰压指示、控制水泥塞高度。

1.14.2.6　浮箍

浮箍是带承托环和回压阀的一种套管接箍，参见图 1–93。浮箍能起到承托环（阻流板）和回压阀的双重作用。

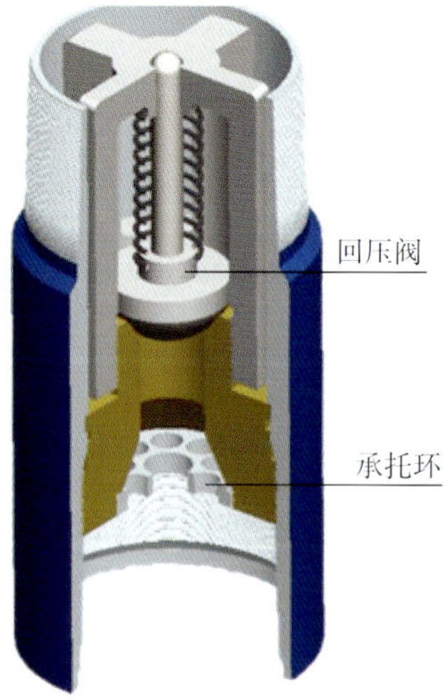

图 1–93　浮箍

1.14.2.7　旋流短节

旋流短节是一根接在套管柱下部引鞋和浮箍之间、带有左螺旋分布孔的套管短节。

其作用是使水泥浆在套管外呈旋流状上返，以提高顶替效率，保证固井质量。

1.14.2.8 扶正器

扶正器是装在套管体外面、起扶正套管作用的装置，分为弹簧扶正器和刚性扶正器两种，分别参见图 1-94 和图 1-95。其主要作用是用来扶正套管，保持套管在井眼中居中，保证套管柱与井壁环形空间的水泥浆分布均匀，提高固井水泥环质量。有时扶正器被用来减少套管摩擦，防止套管在高渗透地层段黏卡，保证套管顺利下井。扶正器还可刮掉井壁上的疏松滤饼，提高水泥与地层的胶结质量。

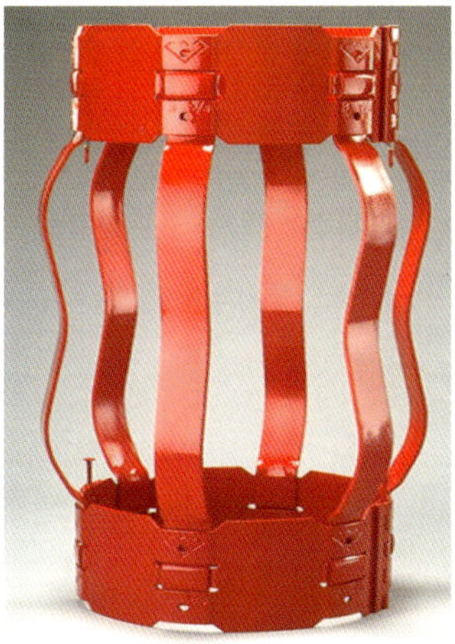

图 1-94 弹簧扶正器

图 1-95 刚性扶正器

1.14.2.9 刮泥器

刮泥器是一种安装在套管下部、用于清除井壁泥饼的套管附件，分为往复式刮泥器和旋转式刮泥器两种，分别参见图 1-96 和图 1-97。其作用是在套管下行过程中刮削井壁，清除松软的滤饼，以改善水泥与地层的胶结质量。

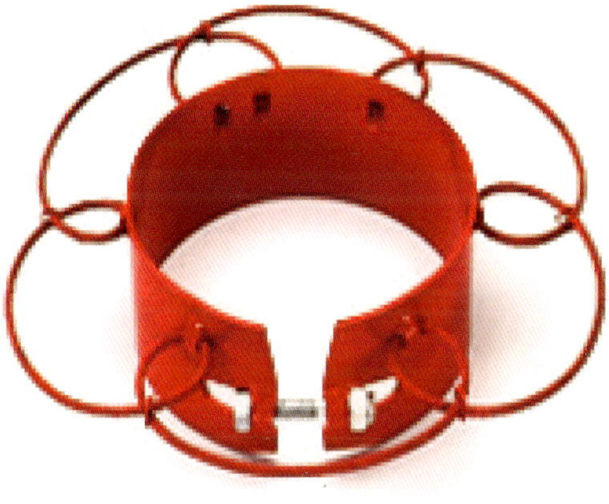

图 1-96 往复式刮泥器

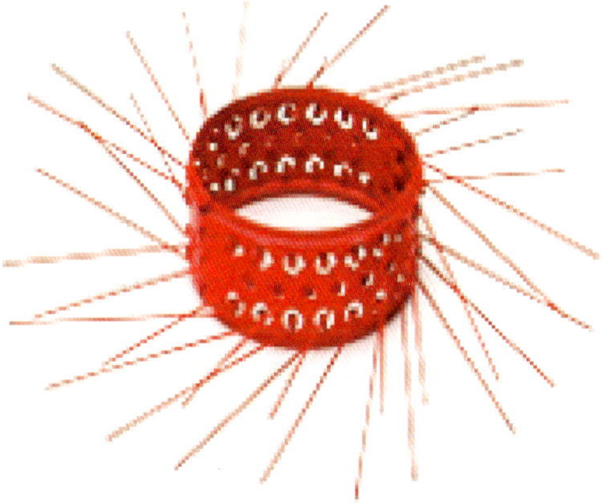

图 1-97 旋转式刮泥器

1.14.2.10 水泥伞

水泥伞是一种安装在套管柱下部、防止井壁与套管环形空间水泥浆下降的一种套管附件，通常用弹簧钢做成伞状骨架，外层包上橡胶衬，参见图 1-98。其作用是下入井内后张开，固定在井壁上，防止水泥浆向下流动，以提高固井质量。

图 1-98 水泥伞

1.15 录井设备

录井作业是油气钻井工程中的一项随钻作业，钻井现场常用的主要录井设备为综合录井仪，参见图 1-99。综合录井仪安装在专用活动房内，称为综合录井房，参见图 1-100。

图 1-99 综合录井仪

图 1-100 综合录井房

综合录井仪可以在实时状态下采集钻井液参数、钻井工程参数、钻井液中烃类和非烃类气体特性参数，实现钻井过程实时监测、井下异常预报、地层压力监测预报和及时发现评价油气层。

综合录井仪测量的参数可分为直接（原生）测量参数和计算（次生）参数。直接（原生）测量参数指由传感器直接测量得到的参数，计算（次生）参数指由直接参数经过计算或转换后所得到的参数。综合录井仪测量的参数示例见表 1-73。

表 1-73 综合录井仪测量参数

项目		参数名称	符号	单位
直接（原生）测量参数	实时参数	大钩负荷	WHO	kN
		大钩高度	HKH	m
		转盘扭矩	TQRQ	kN · m
		立管压力	SPP	MPa
		套管压力	CHKP	MPa
		转盘转速	RPM	r/min
		1 号泵冲速	SPM1	s/min
		2 号泵冲速	SPM2	s/min
		1 号池钻井液体积	TV01	m^3
		2 号池钻井液体积	TV02	m^3
		3 号池钻井液体积	TV03	m^3

续表

项目			参数名称	符号	单位
直接（原生）测量参数	实时参数		4 号池钻井液体积	TV04	m^3
			入口钻井液密度	MDI	g/cm^3
			入口钻井液温度	MTI	℃
			入口钻井液电导率	MCI	mS/m
	迟到参数		全烃	TGAS	%
		烃类气体组分	甲烷	C_1	%
			乙烷	C_2	%
			丙烷	C_3	%
			异丁烷	iC_3	%
			正丁烷	nC_3	%
			异戊烷	iC_4	%
			正戊烷	nC_4	%
			硫化氢	H_2S	%
			二氧化碳	CO_2	%
			氢气	H_2	%
			氦气	He	%
			出口钻井液密度	MDO	g/cm^3
			出口钻井液温度	MTO	℃
			出口钻井液电导率	MCO	mS/m
			出口钻井液流量（液位占比）	MFO	%
计算（次生）参数		井深	标准井深	TD	m
			垂直井深	TVD	m
			迟到井深	LD	m
			钻压	WOB	kN
			钻时	ROP	min/m
			钻速	ROP	m/h
			钻井液流量	MF	L/s
			钻井液总体积	TVT	m^3
			迟到时间	LAGT	min

续表

项目	参数名称	符号	单位
计算（次生）参数	d_c 指数	DXC	
	Sigma 指数	SIGMA	
	地层压力梯度	FPPG	kPa/m
	地层破裂压力梯度	FFPG	kPa/m
	地层孔隙度	PORO	%
	每米钻井成本	COST	元

1.16 测井设备

测井作业是在已钻的井筒内用电缆带着各种仪器，沿井眼连续测量或定点测量地层或井内流体的电、磁、声、核、力、热等物理性质，分析岩性，判定构造，计算物性和含油性，并监测钻井工程质量。

测井设备主要由测井车、地面仪器、井下仪器组成，参见图1-101。通常井壁取心、射孔、随钻测井等方面的设备也列入测井设备。不同类型测井设备仪器配备差别较大，同类型测井设备仪器也有些差别。Eclips-5700成像测井设备仪器清单示例见表1-74。

图1-101 测井车及井下仪器

表 1-74 Eclips-5700 成像测井设备仪器清单

项目	名称	规格型号	单位	数量
车辆	地面系统	Eclips	套	1
	仪器车	Peter-B3882	台	1
	测井工作车	ET5080TJC	台	1
	放射性源车	EQ-141	台	1
地面仪器	数控测井地面记录仪		套	1
	地面附属设备		套	1
	刻度设备		套	1
	井下仪辅助设备		套	1
井下仪器	微球形聚焦测井仪	MSFL-B	支	1
	双侧向测井仪	DLL-S	支	1
	自然伽马测井仪	NGRT-A	支	1
	补偿密度测井仪	Z-D	支	1
	补偿中子测井仪	C-N	支	1
	数字声波测井仪	DAL	支	1
	阵列感应测井仪	HDIL	支	1
	井斜方位测井仪	4401	支	1
	多极子阵列声波测井仪	XMAC	支	1
	自然伽马能谱测井仪	1329	支	1
	声成像测井仪	CIBL	支	1
	电成像测井仪	STAR-11	支	1
	电缆地层测试器	FMT	支	1
	地层倾角测井仪	1016	支	2
	井径仪		支	1
	井温仪		支	1
	流体仪		支	1
	声波变密度测井仪		支	1
	放射性中子源		支	1

1.17 固井设备

固井作业是在油气井阶段完钻或最终完井后，在油气井井眼内下入套管，并向套管与井壁或套管与上一层套管间注入油井水泥浆的作业。

固井设备指用于固井作业的专用设备，主要有固井水泥车（固井车）、固井橇、固井灰罐车（下灰车）、固井仪表车、供水车（供水橇）、管汇车、固井工具车、固井指挥车、固井水泥罐（下灰罐）、水泥干混装置等。固井水泥车参见图 1–102，固井灰罐车（下灰车）参见图 1–103。固井水泥车和固井橇基本参数示例见表 1–75，固井灰罐车主要参数示例参见表 1–76。

图 1–102　固井水泥车（固井车）

图 1–103　固井灰罐车（下灰车）

表 1-75　固井水泥车和固井橇基本参数

型号名称	最高压力 MPa	最大排量 L/min	最大水功率 kW（hp）	混浆控制方式
SNC35-16 Ⅱ单泵固井车	35	1600	225（300）	手动
GJC35-16 单泵固井车	35	1600	225（300）	自动
GJC40-17 单泵固井车	40	1700	225（300）	自动
GJC50-30 双泵固井车	50	3000	225（300）	自动
GJC50-30 Ⅱ双泵固井车	50	3000	225（300）	手动
GJC70-25 双泵固井车	70	2500	225（300）	自动
GJC100-30 双泵固井车	100	3000	448（600）	自动
SNQ35-16 Ⅱ单泵固井橇	35	1600	225（300）	手动
SNQ40-17 单泵固井橇	40	1700	225（300）	自动
SNQ50-30 Ⅱ双泵固井橇	50	3000	225（300）	手动
SNQ50-30 双泵固井橇	50	3000	330（450）	自动
SNQ70-25 双泵固井橇	70	2500	225（300）	自动
SNQ100-30 双泵固井橇	100	3000	448（600）	自动

表 1-76　固井灰罐车基本参数

项目	计量单位	参考值
装灰量	t	10，12，15，20，30，40
卸灰速度	t/min	1.2 ~ 3.6
输灰管线标称直径	mm	100，125，150
空气压缩机额定排量	m^3/min	5 ~ 20
空气压缩机额定压力	MPa	0.1 ~ 0.7
气管线标称直径	mm	75
水平输送距离	m	5 ~ 25
垂直输送距离	m	7 ~ 15

2 试油工程设备与工具

试油工程是在钻达设计要求的全井完钻井深后，以作业队为主体，相关技术服务队伍共同参与，采用修井机或通井机等设备工具和仪器，按设计确定的试油方式进行施工，直至交井。试油工程基本工艺流程和主要工作内容如图 2-1 所示。

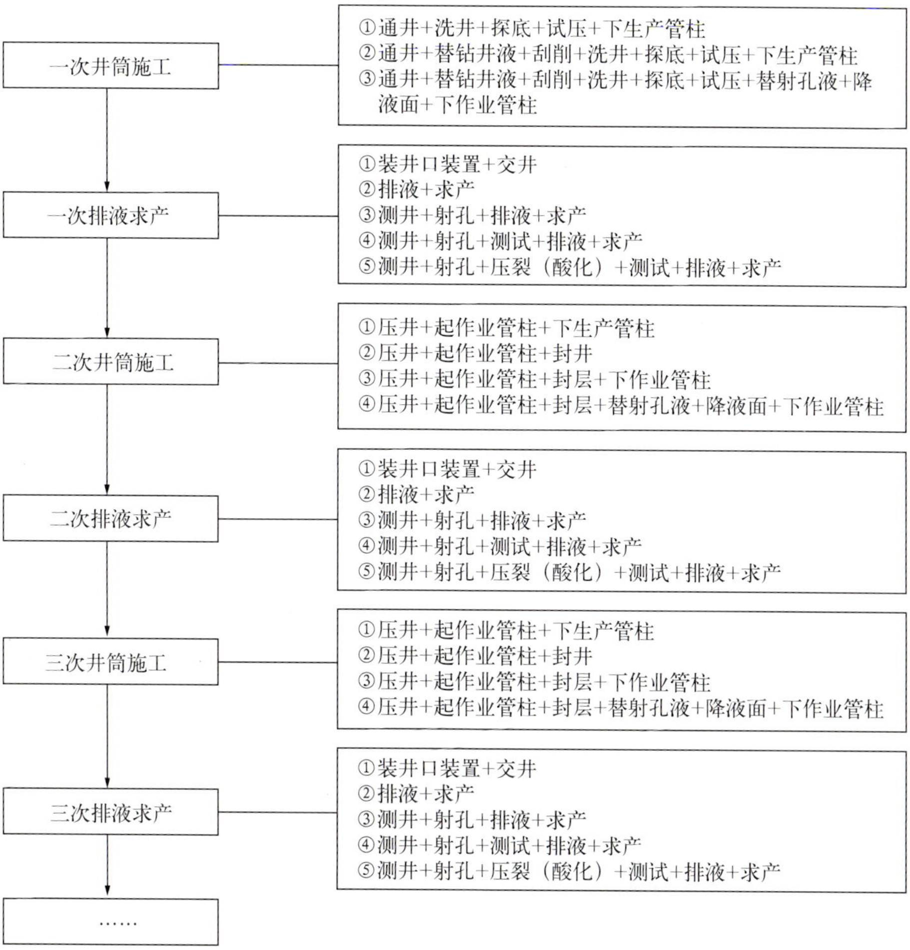

图 2-1　试油工程基本工艺流程和主要工作内容

本部分主要介绍油气田现场试油工程常用的地面及井下设备、工具和材料的基本规格、型号和用途。

2.1 通井机及井架

2.1.1 通井机

通井机用于起下油管、钻杆、抽油杆或打捞、抽汲、通井等作业。按底盘形式分为履带式底盘、轮胎式底盘；按结构形式分为不备井架、自备井架；按驱动形式分为柴油机驱动、调速电动机驱动或柴油机调速电动机复合驱动。履带式底盘不备井架通井机和轮胎式底盘自备井架通井机分别如图 2-2 和图 2-3 所示。

图 2-2 履带式底盘不备井架通井机

图 2-3 轮胎式底盘自备井架通井机

2.1.1.1 不备井架通井机

不备井架通井机型号表示方法：TJ [1][2][3] - [4]

TJ：通井机代号。

[1]：底盘形式一。

不标注——轮胎式底盘；

L——履带式底盘。

[2]：所示数字 ×10 即为快绳最大拉力，单位为千牛（kN）。

[3]：底盘形式二。

不标注——履带式底盘、轮胎式铰接式底盘；

A——轮胎式整体式底盘；

Q——汽车底盘。

[4]：产品改型序号，用 1，2，3，…，表示。

例如：TJ12A–1 表示快绳最大拉力为 120kN，第一次改型的不备井架、轮胎式整体式底盘通井机。

不备井架通井机基本参数示例见表 2–1。

表 2–1　不备井架通井机基本参数

通井机型号		TJ5	TJ7	TJ9	TJ10	TJ11	TJ12	TJ15
快绳最大拉力，kN		50	70	90	100	110	120	150
快绳最大速度，m/s		3.0	4.0	5.0	6.0	6.5	7.0	7.0
装机功率，kW		≥ 60	≥ 70	≥ 90	≥ 100	≥ 110	≥ 140	≥ 180
滚筒抽汲绳容量，m		≤ 2000			≤ 3000			
钢丝绳直径	起重用，mm	19		22				
	抽汲用，mm	13		16				
绞车滚筒宽度，mm		700		910				

2.1.1.2　自备井架通井机

自备井架通井机型号表示方法：TJ [1] / [2] [3] [4] – [5]

TJ：通井机代号。

[1]：所示数字 ×10 即为快绳最大拉力，单位为千牛（kN）。

[2]：所示数字 ×10 即为额定钩载，单位为千牛（kN）。

[3]：操作形式。

不标注——单驾驶室配有钻台操作台；

A——单驾驶室；

B——双驾驶室。

[4]：底盘形式。

不标注——工程机械底盘；

Q——汽车底盘。

5：产品改型序号，用 1，2，3，…，表示。

例如：TJ12/50AQ–1 表示快绳最大拉力为 120kN、额定钩载为 500kN，第一次改型的自备井架单驾驶室、汽车底盘轮胎式通井机。

自备井架通井机基本参数示例见表 2–2。

表 2–2　自备井架通井机基本参数

<table>
<tr><th colspan="2">通井机型号</th><th>TJ10/30</th><th>TJ12/40</th><th>TJ12/50</th><th>TJ12/65</th><th>TJ15/60</th><th>TJ15/80</th><th>TJ18/100</th><th>TJ21/135</th><th>TJ25/150</th></tr>
<tr><td rowspan="4">名义作业深度
m</td><td>73mm 油管</td><td>2000</td><td>2500</td><td>3200</td><td>4000</td><td>3500</td><td>5500</td><td>7000</td><td>—</td><td>—</td></tr>
<tr><td>73mm 钻杆</td><td>—</td><td>—</td><td>—</td><td>3200</td><td>3000</td><td>4500</td><td>5800</td><td>7000</td><td>8000</td></tr>
<tr><td>89mm 钻杆</td><td>—</td><td>—</td><td>—</td><td>—</td><td>—</td><td>3500</td><td>4500</td><td>5500</td><td>6500</td></tr>
<tr><td>114mm 钻杆</td><td>—</td><td>—</td><td>—</td><td>—</td><td>—</td><td>1500</td><td>3500</td><td>4000</td><td>5000</td></tr>
<tr><td colspan="2">快绳最大拉力
kN</td><td>100</td><td>120</td><td>120</td><td>120</td><td>150</td><td>150</td><td>180</td><td>210</td><td>250</td></tr>
<tr><td colspan="2">额定钩载
kN</td><td>300</td><td>400</td><td>500</td><td>650</td><td>600</td><td>800</td><td>1000</td><td>1350</td><td>1500</td></tr>
<tr><td colspan="2">最大钩载
kN</td><td>600</td><td>650</td><td>700</td><td>900</td><td>900</td><td>1100</td><td>1350</td><td>1550</td><td>1700</td></tr>
<tr><td colspan="2">井架高度
m</td><td>16，18</td><td>16，18</td><td>16，18，21</td><td>18，21，29</td><td>18，21，29</td><td>31，33，35</td><td>33，35</td><td>33，35</td><td>35，36，38</td></tr>
<tr><td colspan="2">装机功率
kW</td><td>≥ 100</td><td>≥ 150</td><td>≥ 160</td><td>≥ 170</td><td>≥ 200</td><td>≥ 300</td><td>≥ 400</td><td>≥ 500</td><td>≥ 600</td></tr>
<tr><td colspan="2">有效绳数
条</td><td colspan="3">6</td><td>8</td><td>6</td><td colspan="2">8</td><td colspan="2">8，10</td></tr>
<tr><td colspan="2">钢丝绳直径
mm</td><td colspan="3">22</td><td colspan="4">26</td><td colspan="2">29 ～ 32</td></tr>
<tr><td colspan="2">绞车滚筒宽度
mm</td><td colspan="2">700</td><td colspan="7">850 ～ 950</td></tr>
</table>

2.1.2　作业井架

作业井架主要由天车、井架主体和井架底座组成，参见图 2–4。作业井架是用于承载并且能顺利起下管柱和井下工具的支撑架。作业井架基本参数示例见表 2–3。

图 2-4　作业井架

表 2-3　作业井架基本参数

井架型号	额定负荷 kN	高度 m	质量 kg	配套天车型号	适用井深 m
JJ50/18-W	500	18.28	3650	TC-50	1900 ～ 3000
JJ50/29-W	500	29.25	7400	TC-50	2300 ～ 3600
JJ80/21-W	800	21.30	5160	TC-2-1	3700 ～ 5700
JJ80/29-W	800	29.00	6870	TC-80	3700 ～ 5700

2.2　修井机

修井机是将绞车用动力机、绞车、井架（含天车、游车大钩、大绳等）均安装在汽车载重底盘、专用底盘或牵引式底盘上的石油修井装置，参见图 2-5。修井机实质上是在通井机的基础上进一步完善配套，它不仅能完成通井机的起下操作任务，而且可以进行循环和旋转等操作，达到一机多用的目的。

图 2-5　修井机

修井机运移采用柴油机驱动底盘或牵引底盘，根据绞车及转盘获取动力及动力传递方式的不同，驱动形式分为机械驱动、电驱动、液压驱动。

《石油天然气工业　钻机和修井机》（GB/T 23505—2017）将修井机按最大钩载分为 9 个级别，分别是 XJ350、XJ600、XJ700、XJ900、XJ1100、XJ1350、XJ1600、XJ1800、XJ2250。

修井机型号表示方法：XJ 1 2 3

XJ：修井机代号。

1：修井机级别，表示修井机最大钩载，单位为千牛（kN）。

2：修井机特征。

省略时——单内燃机驱动；

C——双内燃机驱动齿轮并车；

L——双内燃机驱动链条并车；

Y——液压驱动；

D——直流电驱动（AC-SCR-DC）；

DB——交流变频电驱动（AC-VFD-AC）；

DJ——交流工频电驱动。

3：移动型式。

省略时——块装式；

T——拖挂式；

Z——自行式。

例如：XJ1800CZ 表示最大钩载 1800kN、双内燃机驱动齿轮并车、自行式修井机。

修井机基本参数示例见表 2-4。

表 2-4　修井机基本参数

修井机级别		XJ350	XJ600	XJ700	XJ900	XJ1100	XJ1350	XJ1600	XJ1800	XJ2250
修井机原级别		XJ20	XJ30	XJ40	XJ60	XJ80	XJ100	XJ120	XJ150	XJ180
常见厂家级别					XJ350	XJ450	XJ550	XJ650	XJ750	XJ850
最大钩载，kN		350	600	700	900	1100	1350	1600	1800	2250
名义修井深度 m	73mm 外加厚油管	1600	2600	3200	4000	5500	7000	8500	—	—
	73mm 钻杆	—	—	2000	3200	4500	5800	7000	8000	9000
	89mm 钻杆	—	—	—	2500	3500	4500	5500	6500	7500
	114mm 钻杆	—	—	—	—	—	3600	4200	5000	6000
额定钩载，kN		200	300	400	600	800	1000	1200	1500	1800
绞车额定输入功率，kW		80 ～ 150	120 ～ 180	160 ～ 260	260 ～ 330	280 ～ 400	330 ～ 450	400 ～ 500	450 ～ 600	550 ～ 746
井架高度，m		18，21，31			29，31	31，33，35，36			36，38，39，41	
修井绳数 条		4		6		8		8，10		10
修井钢丝绳直径，mm		22			26			26，29	29，32	32
大钩最大起升速度，m/s		1.0 ～ 1.5								

注：（1）对于有绷绳桅杆井架，井架高度是指从井场基础面到天车梁底面的最小垂直距离。

（2）修井机原级别是以额定钩载为基本参数，如 XJ40 指额定钩载为 400kN 的修井机。

（3）修井机厂家级别常以绞车输入功率为基本参数，如 XJ450 指输入功率大于或等于 450hp（336kW）的修井机。

2.3 连续油管作业机

连续油管（CT）是由若干段长度在100m以上的柔性管通过对焊或斜焊工艺焊接而成的无接头连续管，长度一般达几百米至几千米，又被称为挠性油管、蛇形管或盘管。连续油管及其操纵设备称为盘管作业机或连续油管作业机、连续油管车，参见图2-6。

图2-6 连续油管作业机

一套连续油管设备包括卷筒、注入头、控制室和动力装备等四部分必备组件。连续油管的卷筒用来存放连续油管，如图2-7所示。连续油管的注入头用于提供连续油管的驱动力，如图2-8所示。连续油管的控制室用于连续油管操作员操作和数据采集，如图2-9所示。连续油管的动力装备为连续油管提供系统所需液压动力和其他动力，如图2-10所示。连续油管作业机基本参数示例见表2-5。

图2-7 连续油管卷筒

图2-8 连续油管注入头

图 2-9　连续油管控制室

图 2-10　连续油管动力装备

表 2-5　连续油管作业机基本参数

设备	项目	参数
哈里伯顿 30K 注入器	上起负荷	13600kg（30000lb）
	下推力	6800kg（15000lb）
	最高速度	61m/min（200ft/min）
	常规液压	17MPa（2500psi）
	最大液压	21MPa（3000psi）
	V 形卡瓦适用油管	31.75 ～ 44.45mm（1.25 ～ 1.75in）
$3^{1}/_{16}$in 美国得州石油工具公司生产的四闸板防喷器	适用油管尺寸	25.4mm、31.75mm、38.1mm、44.45mm、50.8mm（1in、1¼in、1½in、1¾in、2in）
	工作压力	70MPa（10000psi）
	质量	453.6kg
	工作温度	-20 ～ 250℃
	服务范围	H_2S
美国得州石油工具公司生产的防喷盒	适用油管尺寸	31.75mm 或 38.1mm（1¼in 或 1½in）
	工作压力	70MPa（10000psi）
	工作温度	-20 ～ 250℃
	服务范围	H_2S

续表

设备	项目	参数
连续油管控制房	外形尺寸（长 × 宽 × 高）	2.31m × 2.03m × 2.03m
	起升高度	3.35m
	质量	2041kg
油管工作滚筒	连续油管尺寸	31.75mm 或 38.1mm（1¼in 或 1½in）
	连续油管长度	4572m（15000ft）
	质量	13000kg 或 15000kg
	工作滚筒尺寸	1¼in：3.81m × 2.51m × 3.07m 1½in：4.09m × 2.85m × 3.71m
连续油管动力源	最大液压功率	156.6kW（210hp）
	柴油机	6V–92 底特律
	控制系统	气动遥控
	液压泵	Hydreco 三联齿轮泵和 Vickers 柱塞泵
	外形尺寸（长 × 宽 × 高）	3.01m × 3m × 2.51m
	质量	4600kg

2.4 压裂设备

压裂作业设备由压裂车组和辅助设备组成。压裂车组由压裂泵车、混砂车、仪表车、高压管汇车组成。辅助设备由砂罐车、水泥车、液氮泵车、液氮罐车、平衡车、胶联剂泵车、低压管汇车、水罐车、大客车、餐车、指挥车等组成。

2.4.1 压裂泵车

压裂泵车由运载、动力、传动、泵体等四大件组成，参见图 2–11。其作用是向井内注入高压、大排量的压裂液，将地层压开，把支撑剂挤入裂缝。压裂泵车是压裂的主要设备，现场施工要求压裂泵车必须具有压力高、排量大、耐腐蚀、抗磨损性强等特点。压裂泵车基本参数示例见表 2–6。

图 2-11　压裂泵车

表 2-6　压裂泵车基本参数

压裂泵车型号	1650 型	1860 型	2000 型	2250 型	2500 型
底盘发动机型号	WP10.336	ISX-525 eur03	C-10	C-13	MAN D2676
底盘发动机功率 kW	213	385	261	321	353
台上设备型号	ND1314D47J	MTU-DDC 16V4000S81	CAT 3512	CAT 3512	CUMMINS QSK60
台上设备功率 kW	1342	2013	1251	1251	2237

2.4.2　混砂车

混砂车如图 2-12 所示。混砂车用于混合、搅拌、输送压裂介质，通过自动控制系统自动跟踪压裂施工过程，实现液面、添加剂、密度和砂泵排出压力等参数的自动控制。混砂车基本参数示例见表 2-7。

图 2-12　混砂车

表 2-7 混砂车基本参数

混砂车系列代号	HS04	HS06	HS08	HS10	HS12	HS16	HS20
额定砂液流量，m^3/min	4	6	8	10	12	16	20
额定输砂量，m^3/min	1，2.5，3，3.5，5，6，8，10						
砂泵额定排出压力，MPa	0.3 ～ 0.7						
最大砂液比额定值，%	≥ 45						

2.4.3 仪表车

仪表车主要部件包括压裂车远程控制系统、混砂车远程控制系统、数据采集与处理系统、作业设计与分析系统、供电与照明、无线通信系统，参见图 2-13。其作用是在压裂施工时远距离遥控压裂车和混砂车，采集和显示施工参数，进行实时数据采集、施工监测及裂缝模拟，并对施工全过程进行分析。常用的仪表车主要有 JR5142TBC、JR5140XZM、SEV5131TYB、CFD5131TYB、SEV5140TYB 等。

图 2-13 仪表车

2.4.4 高压管汇车

高压管汇车的作用是运输高压管汇，如高压三通、四通、单流阀、控制阀等，参见图 2-14。常用的高压管汇车主要有 JR5403TYG、GYC5290TYG105、JR5141TYG、SJX5280TYG、NC5310TYG 等。

图 2–14　高压管汇车

2.4.5　砂罐车（运砂车）

砂罐车参见图 2–15。用于运输压裂砂，整机为自卸式，砂罐采用箱式罐。常用的砂罐车主要有 GYC5252TSS12、GYC5310TSS20 等，砂罐容积主要为 $12m^3$ 和 $20m^3$。

图 2–15　砂罐车

2.4.6　水泥车

水泥车主要由底盘、动力、传动、控制和管汇系统及柱塞泵、配套附件等组成，参见图 2–16。水泥车主要用于向井内或设备内打入高压液体，用于固井、洗井、试压、打平衡、酸化、防砂等工作。水泥车基本参数示例见表 2-8。

图 2-16　水泥车

表 2-8　水泥车基本参数

设备	项目	参数							
ACF700 水泥车	发动机型号	道依茨 BF6M1015C							
	发动机功率，kW	316							
	变速器型号	CV-351A							
	变速器功率，kW	316							
	扭矩，N · m	2078							
	柱塞泵型号	3PC-350							
	水力功率，kW	196							
	柱塞直径，mm	100							
	柱塞数	3							
	润滑方式	压力润滑							
	润滑油牌号	GL-590							
	挡位	Ⅰ	Ⅱ	Ⅲ	Ⅳ	Ⅴ	Ⅵ	Ⅶ	Ⅷ
	最大工作压力，MPa	70	52.5	39	29	22	16	12	9
	最大排量，L/min	177	244	328	432	579	788	1070	1411

续表

设备	项目	参数		
400 型水泥车	发动机型号	CATERPLLAR 3406B		
	发动机功率，kW	268		
	变速器型号	CV5–340		
	变速箱功率，kW	250		
	扭矩，N · m	1816		
	柱塞泵型号	3PC–270		
	水力功率，kW	198.5		
	柱塞直径，mm	100		
	柱塞数，个	3		
	润滑方式	压力润滑		
	润滑油牌号	GL–590		
	挡位	Ⅰ	Ⅱ	Ⅲ
	最大工作压力，MPa	32	17.8	11.4
	最大排量，L/min	322	575	905

2.4.7 液氮泵车

液氮泵车主要包括柴油动力装置、回收式液氮蒸发器、液氮罐、齿轮箱、往复式三缸液氮泵、离心式灌注泵和各种操作控制开关，参见图 2–17。液氮泵车主要用于配合水力压裂设备完成液氮拌注压裂、连续油管液氮排液、油气井的气举排液及各类大型氮气置换、气密、试压施工。液氮泵车基本参数示例见表 2–9。

表 2–9 JR800KDF 直燃式液氮泵车基本参数

项目	参数
发动机型号	美国底特律 12V2000TA
冷却方式	水冷
额定功率	749.73kW（1005BHP）/2100r/min

续表

项目	参数
变速箱型号	Allison S8610M
分动箱型号	FUNK
液氮三缸泵型号	ACD 3-SLS
液氮三缸泵最大转速	1000r/min
最大蒸发量	$2.26 \times 10^4 m^3/h$（800000SCFH）
最大氮气排量	$2.26 \times 10^4 m^3/h$（800000SCFH）
最大液氮排量	$32m^3/h$
最高压力和最大排量下氮气排出温度	15 ～ 21℃
最高允许工作压力	105MPa（15000psi）

图 2-17　液氮泵车

2.5　酸化设备

酸化作业主要设备包括酸化泵车、酸罐车、配酸车、灌注车、管汇车、仪表车、液氮泵车、连续油管车等，另外还需要酸站进行配套。酸化泵车、管汇车、仪表车、液氮泵车与压裂作业设备相同。

2.5.1 酸罐车（运酸车）

酸罐车是将成品酸从化工厂运至酸站储存，再将酸站配制加有添加剂的酸液运至井场。目前油田常用的酸罐车容积为 10m^3 和 12m^3。CTA 12 型酸罐车主要由运载车、酸罐、压风机组成，采用圆形罐内衬耐酸橡胶，排放采用气加压，如图 2-18 所示。

图 2-18 酸罐车

2.5.2 配酸车（配液车）

现场常用的配酸车由运载卡车底盘、耐酸泵、搅拌系统、管汇等组成，如图 2-19 所示。配酸车主要用于酸化前在施工现场配酸和配制速溶型水基压裂液。

图 2-19 配酸车

2.5.3 灌注车（供液车）

灌注车由运载底盘卡车、动力、耐酸泵、管汇等组成，参见图 2-20。灌注车是在酸化施工时，以一定压力和排量向酸化泵车泵送酸液或其他工作液。在酸化压裂施工时由灌注车负责供酸液，用压裂混砂车供压裂液。

图 2-20　灌注车

2.6 试井车

试井车主要用于油井、水井、气井的井内压力、温度、井斜测试和井底取样、探测砂面、打捞等多项井下作业。试井车分为单滚筒试井车和双滚筒试井车，试井车参见图 2-21，试井车滚筒参见图 2-22。单滚筒试井车又分为电缆试井车和钢丝试井车；双滚筒试井车同时具有电缆滚筒和钢丝滚筒。试井车还分为车载式试井车和橇装式试井车。试井车基本参数示例见表 2-10。

图 2-21　试井车

图 2-22　试井车双滚筒

表 2-10　试井车基本参数

类型	项目		参数					
电缆设备专用装置	电缆直径，mm		5.6，8，11.8，12.7					
	试井深度，m		2000	3500	5000	7000	10000	12000
	滚筒容量（12.7mm 电缆），m		2200	3700	5200	7200	10500	12600
	电缆起下速度，m/h	常规试井	300 ～ 8000					
		特低速试井	30 ～ 8000					
	最大提升能力（12.7mm 电缆），kN		25	30	50	65	80	95
钢丝设备专用装置	钢丝直径，mm		2.2，2.4，2.6，2.8，3.0，3.2，3.5					
	试井深度，m		2500	4000	6000	7500	10000	12000
	滚筒容量（2.4mm 钢丝），m		2700	4200	6200	7700	10300	12400
	钢丝绳最高起下速度，m/h		21600					
	最大提升能力	2.2mm，2.4mm，2.6mm 钢丝，kN	6.5				10	
		2.8mm，3.0mm 钢丝，kN	10				13	
		3.2mm，3.5mm 钢丝，kN	13				15	

2.7　油气分离器

油气分离器用于将油气井产出流体中的液体与气体分离，分为两相分离器和三相分离器。油气分离器包括游离水脱除器、油水脱除器、捕雾器、涤气器、闪蒸罐、膨胀箱等。按外形分为卧式分离器、立式分离器、球形分离器、双筒卧式分离器；按作用原理分为重力式分离器、旋风式分离器、过滤式分离器；按分离功能分为油气两相分离器、油气水三相分离器、计量分离器、生产分离器；按工作压力分为真空（＜ 0.1MPa）、低压（0.1 ～ 1.5MPa）、中压（1.5 ～ 6MPa）、高压（＞ 6MPa）。卧式两相分离器、立式两相分离器、卧式三相分离器分别如图 2-23 至图 2-25 所示。气液混合流体经气液进口进入分离器进行基本相分离，气体进入气体通道进行重力沉降分离出液滴，液体进入液体空间分离出气泡和固体杂质，气体在离开分离器之前经捕雾器除去小液滴后从出气口流出，液体从出液口流出。油气分离器基本参数示例见表 2-11。

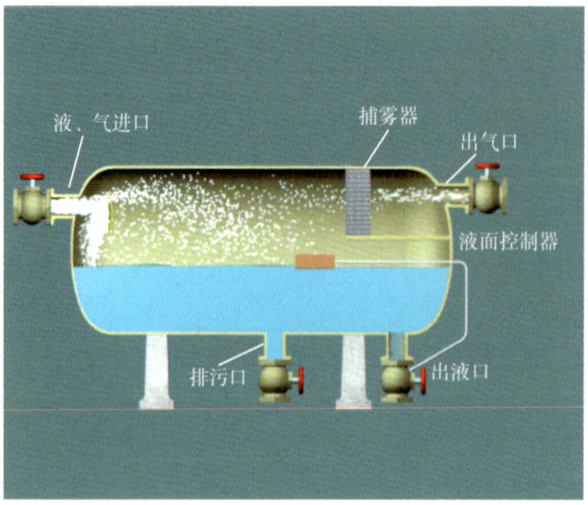

图 2-23　卧式两相分离器

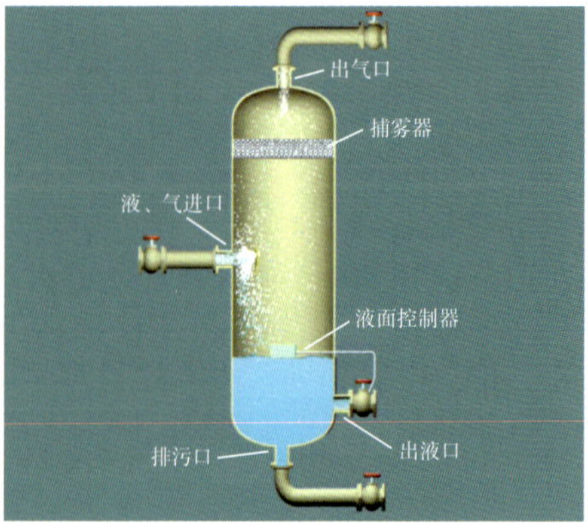

图 2-24　立式两相分离器

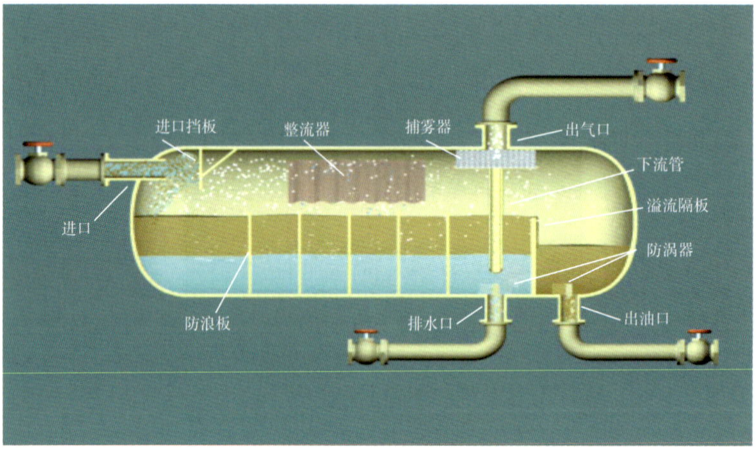

图 2-25　卧式三相分离器

表 2-11　油气分离器基本参数

项目	参数		
直径，mm	620	800	1200
计量标高，mm	300，400，500		
筒体长度，mm	1800	2400	3600
公称容积，m^3	0.6	1.3	4.4
最高允许工作压力，MPa	0.86，1.59，4.14，6.89，8.27，9.93，13.79		

2.8 井口装置

井口装置安装在井口位置，用于悬挂油管柱、套管柱，是一套密封油管与套管和两层套管之间环形空间以控制油气井生产的专用装置，包括套管头、油管头和采油(气)树三大部分，如图 2-26 所示。

图 2-26 井口装置

2.8.1 套管头

套管头是一种安装在表层套管柱上端井口处、用来悬挂除表层套管以外的套管、密封套管环形空间、安装防喷器组合的专用构件总成，由本体、四通、套管悬挂器、密封组件和旁通管等组成。根据悬挂套管层数分为单级套管头、双级套管头、三级套管头；根据结构形式分为卡瓦式套管头、螺纹式套管头；根据组合形式分为单体式套管头、组合式套管头；根据连接形式分为卡箍式套管头、法兰式套管头。套管头剖面如图 2-27 所示。

图 2-27 套管头剖面示意图

套管头型号表示方法：T①－②－③

T：套管头代号。

①：套管程序，以套管尺寸表示，各套管尺寸间用“×”连接。

[2]：额定工作压力，单位为兆帕（MPa）。

[3]：更新设计号，用阿拉伯数字表示。

例如：T$13^{3}/_{8}$×$9^{5}/_{8}$×7 — 35 表示连接套管外径为 $13^{3}/_{8}$in（339.7mm），悬挂套管外径为 $9^{5}/_{8}$in（244.5mm）、7in（177.8mm），额定工作压力为 35MPa 的套管头。

套管头基本参数示例分别见表 2-12、表 2-13 和表 2-14。

表 2-12　单级套管头基本参数

连接套管外径 mm（in）	悬挂套管外径 mm（in）	本体工作压力 MPa	本体垂直通径 mm
244.5（$9^{5}/_{8}$）	177.8（7）	35	230
		70	

表 2-13　双级套管头基本参数

连接套管外径 mm（in）	悬挂套管外径 mm（in）		下部本体工作压力 MPa	下部本体垂直通径 mm	上部本体工作压力		上部本体垂直通径 mm
					上法兰 MPa	下法兰 MPa	
339.7 （$13^{3}/_{8}$）	244.5 （$9^{5}/_{8}$）	177.8 （7）	21	318	21	21	230
			35		35	35	
			70		70	70	

表 2-14　三级套管头基本参数

连接套管外径 mm（in）	悬挂套管外径 mm（in）			下部本体工作压力 MPa	下部本体垂直通径 mm	中部本体工作压力		中部本体垂直通径 mm	上部本体工作压力		上部本体垂直通径 mm
						下法兰 MPa	上法兰 MPa		上法兰 MPa	下法兰 MPa	
508 （20）	339.7 （$13^{3}/_{8}$）	244.5 （$9^{5}/_{8}$）	177.8 （7）	14	486	14	21	318	21	35	230
				14	486	14	35	318	35	70	230
				35	486	35	70	318	70	105	230

2.8.2　油管头

油管头安装在生产套管头顶部法兰处，用来悬挂油管柱，密封油管与套管环形空间，控制生产作业和录取生产套管压力、温度等资料。通过生产套管四通两侧连接的套管闸门，可以进行注平衡液、压井、洗井及循环等作业。油管头包括油管悬挂器、顶丝、生产套管四通、套管阀门、截止阀、压力表等，参见图 2-28。油管头基本参数示例见表 2-15。

图 2-28 油管头

表 2-15 油管头基本参数

项目	主要内容
压力等级 MPa（psi）	7，14，21，35，70，105，140 （1000，2000，3000，5000，10000，15000，20000）
连接方式	≤ 34.5MPa 时采用螺纹、法兰、卡箍连接； ＞ 34.5MPa 时采用法兰、螺纹连接

2.8.3 采油（气）树

采油（气）树用于控制油气水井生产，满足试油作业、清蜡、测试、录取油管压力与温度、取样以及进行日常维修作业。采油（气）树安装在油管头顶部连接法兰处，由总阀门、生产阀门、清蜡阀门或测试阀门、三通或四通、油嘴和压力表及截止阀等部件组成，形状为树枝状结构，参见图 2-29 和图 2-30。采油（气）树基本参数示例见表 2-16。

表 2-16 采油（气）树基本参数

分类项目	主要内容
结构形式	单管采油（气）树、双管采油（气）树
连接形式	螺纹连接、法兰连接、卡箍连接
压力级别	14MPa、21MPa、35MPa、70MPa、105MPa、140MPa

采油（气）树型号表示方法：①②/③④⑤

①：产品代号。

KY——采油井口装置；

KQ——采气井口装置；

KZ——注水井口装置；

KR——热采井口装置；

KS——试油井口装置；

KL——压裂酸化井口装置。

[2]：最大工作压力，单位为兆帕（MPa）。

[3]：公称通径，单位为毫米（mm）。

[4]：工厂代号，用汉语拼音字母表示。

[5]：修改或造型设计次数，用阿拉伯数字表示。

图 2-29　单管采油（气）树

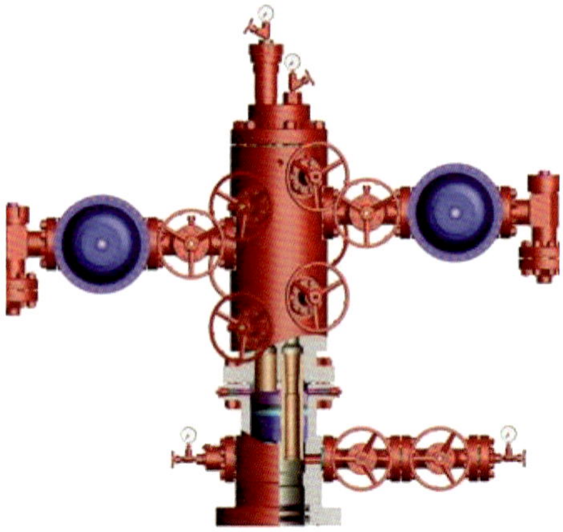

图 2-30　双管采油（气）树

例如：KY21/65 型号表示最大工作压力为 21MPa、公称通径为 65mm 采油树。

采油树基本参数示例见表 2-17。采气树基本参数示例见表 2-18。

表 2-17　采油树基本参数

型号	工作压力 MPa	连接方式	公称通径 mm	连接油管规格 mm	阀门形式	阀门数量
KY21/65	25	法兰	65	73	闸板	6
KY25/65	25	卡箍，法兰	65	73	闸板	3

表 2-18　采气树基本参数

型号	工作压力 MPa	连接方式	公称通径 mm	连接油管规格 mm	阀门形式
KQ25/65	25	卡箍、法兰	65	73	闸板
KQ35/65	35	法兰	65	73	楔式闸板
KQ70/65	70	法兰	65	73	平板闸板
KQ105/65	105	法兰	65	73	平板闸板

2.9 井口工具

在井口使用的用于起下井下管柱、井下工具的工具，称为井口工具，主要有各种吊卡、卡盘及油管钳。

2.9.1 吊卡

试油修井作业常用的吊卡有油管吊卡和抽油杆吊卡。

油管吊卡分为活门式吊卡和月牙形吊卡两种，分别如图 2–31 和图 2–32 所示。用于卡住悬吊钻杆、油管，并借以悬吊井下工具。在进行起下作业时吊卡用吊环悬挂于游动大钩上，并卡住钻杆或油管，便可以通过操纵游动滑车的起落进行井下管柱的起下作业。抽油杆吊卡是用于起下抽油杆时，卡住并悬吊抽油杆的专用工具，参见图 2–33。常用油管和抽油杆吊卡基本参数示例见表 2–19。

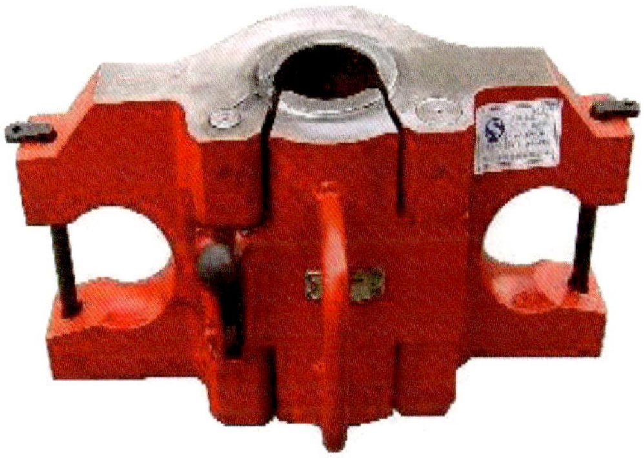

图 2–31　活门式吊卡

图 2–32　月牙形吊卡

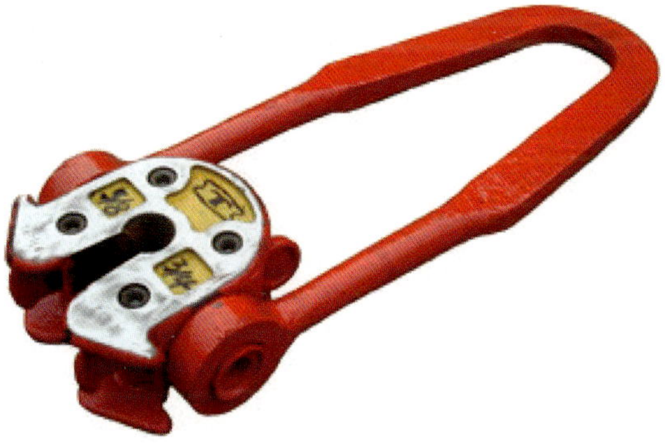

图 2–33　抽油杆吊卡

表 2–19　常用油管和抽油杆吊卡基本参数

类型	分类		孔径 mm	额定载荷 kN
油管吊卡	73mm	平式	75	220，355，580，665，890，1110，1335
		外加厚	上 82，下 75	
	89mm	平式	91	
		外加厚	上 98，下 91	
抽油杆吊卡	CDQS16/19，CDQT16/19		23	135，180，225
	CDQS19/22，CDQT19/22		26	
	CDQS22/25，CDQT22/25		29	
	CDQS25/29，CDQT25/29		33	

2.9.2　油管卡盘

油管卡盘是在起下井内管柱时，在井口用于卡住悬持油管或钻杆的工具，参见图 2–34。油管卡盘基本参数示例见表 2–20。

图 2–34　油管卡盘

表 2–20　油管卡盘基本参数

型号	C 型油管卡盘	CHD 型油管卡盘
最大工作载荷，t	80	120
卡持管柱外径，mm（in）	34.9 ~ 114.3（$1^{3}/_{8}$ ~ $4^{1}/_{2}$）	60.3 ~ 114.3（$2^{3}/_{8}$ ~ $4^{1}/_{2}$）

续表

型号	C 型油管卡盘	CHD 型油管卡盘
气缸工作压力，kPa	588 ～ 686	
气缸行程，mm	107	

2.9.3 油管钳

液动油管钳是靠液压系统进行控制、传递动力进行上卸油管扣的专用工具。油管钳如图 2–35 所示。油管钳基本参数示例见表 2–21。

表 2–21 油管钳基本参数

项目		参数
主钳参数	适用油管，mm	73、89
	开口尺寸，mm	95
	低挡公称扭矩，kN · m	3
	低挡额定转速，r/min	32
	高挡公称扭矩，kN · m	0.9
	高挡额定转速，r/min	110
	质量，kg	95
油马达参数	额定扭矩，N · m	380
	额定转速，r/min	250
	额定流量，L/min	80
	额定供油压力，MPa	10
	最大供油压力，MPa	12.5
背钳参数	适用范围，mm	89.5 ～ 107
	开口尺寸，mm	116
	质量，kg	48

2.9.4 抽油杆钳

抽油杆钳是用于上卸抽油杆扣的井口工具，参见图 2–36。抽油杆钳基本参数示例见表 2–22。

图 2-35　油管钳

图 2-36　抽油杆钳

表 2-22　抽油杆钳基本参数

项目	参数
额定高挡扭矩，kN · m	0.8
额定低挡扭矩，kN · m	2.6
高挡转速，r/min	98
低挡转速，r/min	32

2.10　油管

油管是用于油气井试油和生产的石油专用钢管，由本体和接箍组成。油管本体采用无缝钢管制造。油管接箍分为外加厚接箍和未加厚接箍，参见图 2-37。常用油管基本参数示例见表 2-23。

图 2-37　油管

表 2-23　常用油管基本参数

类型	外径 mm（in）	壁厚 mm	内径 mm	质量 kg/m	内容积 L/m	接箍外径 mm	接箍长度 mm
两端外加厚	73.03 （$2^{7}/_{8}$）	5.51	62.00	9.67	3.02	93.20	133.40
		7.82	57.40	12.95	2.59		
	88.90 （$3^{1}/_{2}$）	6.45	76.00	13.84	4.54	114.30	146.10
		9.53	69.86	19.27	3.83		
两端未加厚	73.03 （$2^{7}/_{8}$）	5.51	62.00	9.50	3.02	88.90	130.20
		7.01	59.00	11.46	2.73		
	88.90 （$3^{1}/_{2}$）	6.45	76.00	13.69	4.54	108.00	142.90
		7.34	74.20	15.18	4.33		
		9.53	69.90	18.90	3.83		

2.11　井下工具

2.11.1　通径规

通径规是检测井下管状物通径尺寸的专用工具，主要用于检测套管、油管等内通径尺寸是否符合标准，是井下作业常用的检测工具，分套管通径规和油管通径规两大类。套管通径规是检测套管内通径尺寸的薄壁筒状工具，俗称通井规。由接头与筒体两部分组成，参见图 2-38。油管通径规用于检测油管的内径，一般在地面进行，又称为油管规，参见图 2-39。套管用通径规基本参数示例见表 2-24。油管用通径规基本参数见表 2-25。

图 2-38　套管通径规

图 2-39　油管通径规

表 2-24　套管通径规基本参数

套管规格 mm（in）	114.3（$4^1/_2$）	127.0（5）	139.7（$5^1/_2$）	146.1（$5^3/_4$）	168.3（$6^5/_8$）	177.8（7）
通径规外径 mm	92 ～ 95	102 ～ 107	114 ～ 118	119 ～ 128	136 ～ 148	146 ～ 158
通径规长度 mm	500					
上接头螺纹	NC26-12E 2//TBG	NC26-12E 2//TBG	NC31-22E 2//TBG	NC31-22E 2//TBG	NC31-22E 2//TBG	NC38-32E 3//TBG
下接头螺纹	NC26-12E 2//TBG	NC26-12E 2//TBG	NC31-22E 2//TBG	NC31-22E 2//TBG	NC31-22E 2//TBG	NC38-32E 3//TBG

注：TBG 为 API 油井管螺纹标准。

表 2-25　油管通径规基本参数

油管规格 mm（in）	38.1（$1^1/_2$）	50.8（2）	63.5（$2^1/_2$）	76.2（3）	88.9（$3^1/_2$）	101.6（4）
通径规外径，mm	38	48	59	73	84	95
通径规长度，mm	500	500	500	500	600	600

2.11.2　套管刮削器

如图 2-40 所示，套管刮削器用于刮削套管内壁，清除套管内壁上水泥、硬蜡、盐垢及炮眼毛刺，其目的在于提高工具下入和作业的成功率。根据结构特征，分为胶筒式和弹簧式两类。

图 2-40　套管刮削器

套管刮削器型号表示方法：GX①②

GX：套管刮削器代号。

①：适用套管尺寸，单位为毫米（mm）。

②：结构特性。

T——弹簧式套管刮削器；

J——胶筒式套管刮削器。

例如：GX127T 表示适用于 127mm 套管的弹簧式套管刮削器。弹簧式套管刮削器基本参数示例见表 2-26，胶筒式套管刮削器基本参数示例见表 2-27。

表 2-26　弹簧式套管刮削器基本参数

型号	刀片伸出最大外径 mm	刀片伸出最小外径 mm	刮削范围 mm	水眼直径 mm	壳体外径 mm	接头螺纹
GX114T	107	94	96～104	15	90	NC26
GX127T	120	104	106～116	18	100	NC26
GX140T	133	115	117～128	25	110	NC31
GX146T	139	120	122～134	25	110	NC31
GX168T	162	137	140～156	25	130	$3^1/_2$REG
GX178T	170	146	148～166	30	136	$3^1/_2$REG
GX194T	186	162	165～180	30	136	$3^1/_2$REG
GX219T	212	185	191～206	30	142	$4^1/_2$REG
GX245T	238	210	216～231	56	200	$4^1/_2$REG
GX273T	268	240	248～259	56	228	$6^5/_8$REG

表 2-27　胶筒式套管刮削器基本参数

型号	刀片伸出最大外径 mm	刮削范围 mm	水眼直径 mm	壳体外径 mm	接头螺纹
GX102J	92	88～90	21	75	NC26
GX114J	108	96～104	21	85	NC26
GX127J	119	106～116	25	95	NC26
GX140J	130	117～127	35	111	NC31
GX146J	136	125～134	35	111	NC31
GX168J	158	146～156	38	127	REG

续表

型号	刀片伸出最大外径 mm	刮削范围 mm	水眼直径 mm	壳体外径 mm	接头螺纹
JX178J	168	148 ~ 164	38	140	REG
GX194J	180	166 ~ 178	38	140	REG
GX219J	208	191 ~ 203	63	178	REG
GX245J	233	215 ~ 228	63	178	REG
GX273J	261	248 ~ 261	89	229	REG

2.11.3 封隔器

封隔器种类很多，按实现密封方式分为自封式、压缩式、扩张式、组合式四种，参见图 2–41 和图 2–42。封隔器的主要元件是胶皮筒，通过水力或机械作用，使胶皮筒鼓胀，用来密封管柱（或裸眼井壁）与管柱之间的环空，隔离目的层段，控制注入或采出流体，并能承受压差。

图 2–41 扩张式封隔器

图 2–42 压缩式封隔器

2.11.3.1 P–T 封隔器

如图 2–43 所示，P–T 封隔器是一种卡瓦式重负载可压缩的坐封封隔器，用来保持来自套管一侧的高压差。该类封隔器的胶筒下方有较大的旁通面积，从而减少了工具在起下井眼时的抽汲作用，并使封隔器在坐封之前两侧的压力得到平衡。P–T 封隔器既可以用于进行测试作业，又可以用于进行酸化、压裂、射孔和挤注等多种井下作业。P–T 封隔器基本参数示例见表 2–28。

图 2–43 P–T 封隔器

表 2-28　P-T 封隔器基本参数

型号		$5^1/_2$P-T	7P-T
总长度，mm		1238	1318
钢体最大外径，mm		115	148
钢体最小内径，mm		38	50.8
工作压差，MPa		35	35
连接螺纹	油管螺纹	$2^3/_8$UPTBG	$2^7/_8$UPTBG
	钻杆螺纹	NC31	NC31

2.11.3.2　RTTS 封隔器

RTTS 封隔器可广泛用于试油、高压酸化、挤注水泥和其他油层改造等作业，参见图 2-44。RTTS 封隔器具有耐高温、耐高压、密封性能好、结构紧凑、锚定可靠和解封力小等特点。RTTS 封隔器基本参数示例见表 2-29。

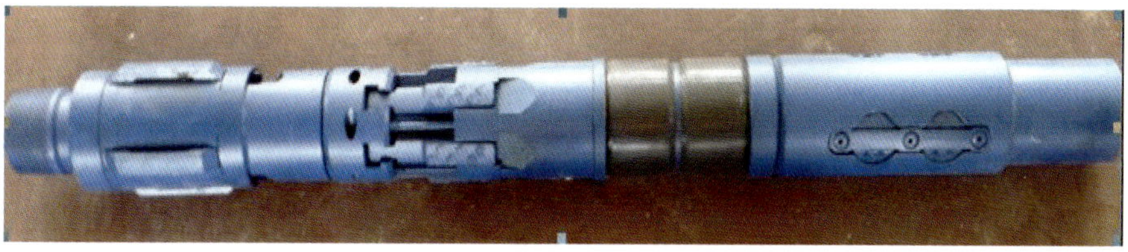

图 2-44　RTTS 封隔器

表 2-29　RTTS 封隔器基本参数

型号	RTTS-114	RTTS-140	RTTS-152
长度，mm	1350	1450	1515
最大外径，mm	114	140	148
最小通径，mm	50	60	60
坐封负荷，kN	110 ～ 130	120 ～ 140	120 ～ 140
坐封距，m	0.28	0.3	0.3
工作温度，℃	120 ～ 180		
适用套管内径，mm	119.7 ～ 123.7	148.0 ～ 153.0	153.8 ～ 161.8
工作压力，MPa	25 ～ 80	25 ～ 80	25 ～ 80
连接螺纹	$2^7/_8$TBG		

2.11.4 水力锚

水力锚按锚爪的限位方式分为扶正式、挡板式、板簧式，参见图 2-45 和图 2-46。通过油管内憋压，水力锚锚爪在液体压力的作用下向外伸出，卡紧套管内壁，实现锚定动作。主要用于油水井压裂、酸化、采油、注水等作业施工管串中，在液压作用下锚定管柱，防止油管与套管产生相对位移，多配合无支撑封隔器使用。扶正式水力锚、挡板式水力锚基本参数示例分别见表 2-30、表 2-31。

图 2-45 扶正式水力锚

图 2-46 挡板式水力锚

表 2-30 扶正式水力锚基本参数

型号	KFZ-80×30	KFZ-92×40	KFZ-102×40	KFZ-114×50
长度，mm	480	416	478	370
锚孔直径，mm	35	40	45	50
锚孔数量，个	9	6	6	6
工作压力，MPa	35	40	45	50
适用套管，mm（in）	101.6（4）	114.3（$4^1/_2$）	127.0（5）	139.7（$5^1/_2$）
接头螺纹	$2^3/_8$TBG	$2^7/_8$TBG	$2^7/_8$TBG	$2^7/_8$TBG

表 2-31 挡板式水力锚基本参数

型号	KDB93 × 40	KDB102 × 40	KDB114 × 50	KDB148 × 62
长度，mm	360	415	340	475
锚孔直径，mm	40	50	50	55
锚孔数量，个	6	9	6	12
工作压力，MPa	35	40	50	50
适用套管，mm（in）	114.3（$4^1/_2$）	127.0（5）	139.7（$5^1/_2$）	177.8（7）
接头螺纹	$2^7/_8$UPTBG	$2^7/_8$TBG	$2^7/_8$TBG	$2^7/_8$UPTBG

2.11.5 可取桥塞

桥塞用于试油、堵水、调层、挤酸等施工中，代替打水泥塞。可取桥塞主要由坐封机构、锚定机构和密封部分组成，参见图 2-47。可取桥塞基本参数示例见表 2-32。

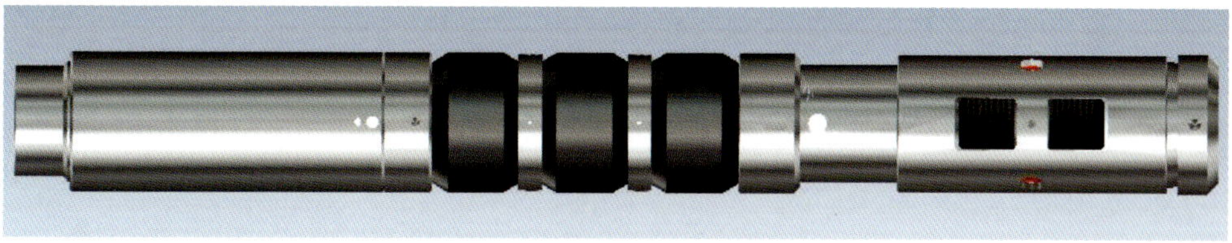

图 2-47 可取桥塞

表 2-32 可取桥塞基本参数

最高工作温度，℃	120	150	300	337	360
最大工作压差，MPa	35，50，70		8	14	18
坐封载荷，kN	140 ~ 270				

2.12 测试工具

2.12.1 多流地层测试器（MFE）

多流地层测试器（MFE，MultiFlow Evaluation）是一套完善的测试工具与测试仪器组成的测试工具组合，包括多流测试器、锁紧接头和 P-T 封隔器等，参见图 2-48。MFE 是一种靠上提、下放管柱来实现开关井的常规地层测试工具。MFE 主要有 95mm（$3^3/_4$in）和 127mm（5in）两种规格，可用于不同尺寸套管井和裸眼井的地层测试。多流地层测试器（MFE）基本参数示例见表 2–33。

图 2–48　多流地层测试器（MFE）

表 2–33　多流地层测试器（MFE）基本参数

规格	127mm MFE	95mm MFE
适用环境	无 H_2S	H_2S
抗拉强度，N	1870000	976720
扭矩强度，N · m	20237	10744
破裂压力，MPa	151.8	137.9
挤毁压力，MPa	106.7	107.7
最大工作压差，MPa	103	106
外径，mm	127	95
最小内径，mm	23.8	19.0
长度，mm	2934	3853
最大组装扭矩，N · m	13358	2711
取样器容积，cm^3	2500	1200
芯轴行程，mm	254	254
自由下落，mm	25.4	25.4
上接头内螺纹	$3^1/_2$in API FH	$2^7/_8$in API REG
下接头外螺纹	$4^3/_8$in（4 牙 /in）	$2^7/_8$in API REG

2.12.2 APR 地层测试器

APR（Annulus Pressure Response）地层测试器是在不需环空保压的情况下就可任意开关井的一种全通径压控测试阀，参见图 2-49。APR 测试工具一般由 APR 地层测试器、RTTS 封隔器、RTTS 安全接头、震击器等组成。它具有以环空加压后卸压操作来实现开井，然后再以环空加压后卸压操作来实现关井，并且可反复操作，实现多次开井、关井。APR 地层测试器基本参数示例见表 2-34。

图 2-49 APR 地层测试器

表 2-34 APR 地层测试器基本参数

规格	98.4mm（$3^7/_8$in）全通径压控测试阀	127mm（5in）全通径压控测试阀
外径，mm	101	127.5
通径，mm	45	57
长度，mm	5182，5131	4954，4941，4934
球阀开启最大压差，MPa	35	35
最大工作压差，MPa	70	70
抗拉强度，kN	929.7	1954.4
破裂压力，MPa	86.2	122.6
挤毁压力，MPa	116.5	113
扭矩强度，kN · m	11	30.4
单销剪切压力值，MPa	2.05	1.89
适用环境	所有温度下 H_2S 环境	所有温度下 H_2S 环境
最高工作温度，℃	204	204
连接螺纹	$2^7/_8$in CAS，$2^7/_8$in BUE	$3^7/_8$in CAS，$3^1/_2$in IF，$3^1/_2$in FH

2.12.3 电子压力计

电子压力计主要由探头、电路板、连接器、外筒组成，参见图 2-50。电子压力计是一种高精密的电子仪器，主要用于油气井的测试工作，采集时间、压力、温度数据，通过压力计所得到的时间、压力、温度数据，结合油井或油藏的其他数据，就可以对油气井的各种情况进行分析和处理，了解和掌握油气井或油气藏的动态特征。电子压力计基本参数示例见表 2-35。

图 2-50 电子压力计

表 2-35 电子压力计基本参数

压力计类型	应变式电子压力计	石英式电子压力计	应变式存储电子压力计
使用形式	存储、直读两用		存储
外径	31.75mm（$1^1/_4$ in）		
压力精度	0.05%	0.02%	0.02%
压力分辨率	0.0001%	0.0001%	0.0001%
最高工作温度	175℃	175℃	177℃
温度精度	±1℃	±1℃	±0.2℃
温度分辨率	0.01℃	0.01℃	0.01℃
电池寿命	35d	35d	半年
存储容量	6 万组	6 万组	50 万组
工作环境	防硫		

参考文献

［1］ 黄伟和．钻井工程工艺［M］．北京：石油工业出版社，2016.

［2］ 刘宝和．中国石油勘探开发百科全书：工程卷［M］．北京：石油工业出版社，2008.

［3］ 何生厚．油气开采工程师手册［M］．北京：中国石化出版社，2005.

［4］ 万仁溥．现代完井工程（第二版）［M］．北京：石油工业出版社，2000.

［5］ 于振东．油田井下作业设备与工具［M］．北京：石油工业出版社，2016.

［6］ 赵金洲．钻井工程技术手册（第二版）［M］．北京：中国石化出版社，2011.

［7］《钻井手册》编写组．钻井手册（第二版）［M］．北京：石油工业出版社，2013.

［8］《石油天然气钻井井控》编写组．石油天然气钻井井控［M］．北京：石油工业出版社，2008.

［9］《石油天然气井下作业井控》编写组．石油天然气井下作业井控［M］．北京：石油工业出版社，2008.

［10］ 王新纯．井下作业施工工艺技术［M］．北京：石油工业出版社，2010.

［11］ 金业权．钻井装备与工具［M］．北京：石油工业出版社，2012.

［12］ 程明清．试油与测试工艺［M］．北京：石油工业出版社，2014.

［13］ 文浩．试油作业工艺技术［M］．北京：石油工业出版社，2012.

［14］ GB/T 23505—2017　石油天然气工业　钻机和修井机［S］.

［15］ GB/T 28911—2012　石油天然气钻井工程术语［S］.